上海市闵行区科普资助项目

U0379446

海上茗谭

上海市闵行区茶叶学会 编著

上海科学普及出版社

海上茗谭编辑委员会

主　　编　周星娣

副 主 编　宋志敏　曹建南　张红燕

编写人员（以姓名笔画为序）
　　　　　韦　欢　朱　宁　乔木森　吴佳娜
　　　　　应小雄　宋志敏　张红燕　陆全明
　　　　　周星娣　黄立新　曹建南

序 言

　　2019年3月，上海科学技术出版社周星娣（也是中国茶叶研究所众多学者共同编撰的几部科技专著的责任编辑）携我故乡——上海市闵行区茶叶学会的几位领导来杭州看我，说到他们正在组织编撰一本名为《海上茗谭》的科普图书。这个项目得到了闵行区科学技术协会的支持和资助，图书正式出版后，将有相当数量的图书送到闵行区的机关、企事业单位、街镇社区，供广大市民一起分享这丰盛的精神食粮。这是一件好事，对普及茶知识大有裨益。经过近半年的时间，在全体作者的共同努力下，该书已完成编撰工作。不久，一本既具备严谨的科学内容，又不失通俗易懂的阅读体验的茶科普图书将呈现在读者的面前。

　　常言道：开门七件事，柴米油盐酱醋茶，抑或说琴棋书画诗酒茶，茶既是平民百姓的生活必需品，同时也是文人雅士的追逐物。然而，喝什么茶，怎么喝茶，却大有学问。上海作为一个国际大都市，尽管基本不产茶，但却是全国茶消费的大市场。而且，上海素来具有"海纳百川、大气谦和"的城市精神，各种类型的茶、各种茶文化，都能在上海觅得知音，寻到知己。

本书分为茶海钩沉、茶学初探、茶事茶器、茶与保健、茶艺表演、茶饮创新六章，附录还有茶用英语，内容翔实、编排妥切，作者均是相关专业的专家和学者，行文流畅，很接地气。建议广大读者沏上一壶茶，慢慢读，细细品，一定会大有收获。

也衷心希望上海市闵行区茶叶学会越办越好，为普及茶科学、弘扬茶文化，做出新的更大的贡献。

是为序。

陈宗懋

中国工程院院士

2019 年 8 月

前 言

　　中国素称礼仪之邦，茶文化是中国具有代表性的传统文化。中国不仅是茶叶的原产地之一，而且在不同的民族、地区存在着丰富多样的饮茶习惯和风俗。随着社会的发展与进步，人们日益注重个人修养。茶文化带着其古老的历史，浓厚的文化底蕴，以其独特的姿态，在人们生活中发挥日渐重要的作用。

　　上海地区因受成陆于长江下游冲积平原客观条件的制约，历史上除了在松江佘山地区仅出产过非常稀少的"兰笋茶"外，并不产茶。但上海位于长江入海口，又是南北沿海交通枢纽，开埠之前商业已显繁盛，不少远洋船只也多云集于此。我国茶叶的主要产地（如浙江、安徽、江西等省）所产之茶从水路直运上海，除部分被上海市民消费外，大多出口至海外。由于上海得天独厚的地理位置，开埠之后很快成为我国茶叶集散中心。上海在成为我国重要的经济中心、金融中心、航运中心、贸易中心的过程中，茶文化以其独特的内涵与形式，逐渐成为"海派文化"的重要组成部分。上海作为我国最大的茶叶集散地和茶叶消费城市之一，拥有众多大型茶叶批发市场、茶叶经营企业、茶馆，人均茶叶年消费量超过1千克，明显高于全国平均水平。

　　历史上，上海与茶文化也颇有渊源。唐代青浦的青龙港，为当时海上贸易的重要港口，也是海上丝绸之路的重要节点，堪称今日上海对外贸易的"鼻祖"。茶圣陆羽曾把吴淞江列为天下宜茶好水。唐代的白居易（《淞江观鱼》）、杜牧（《吴淞夜泊》）、陆龟蒙（《淞江怀古》）和宋代的范仲淹（《吴淞江上渔者》）都曾留下诗词，营造了青龙镇浓郁的文化氛围。明代，松江的陆树声著有《茶寮记》，担任崇安（武夷）县令的青浦人陆廷灿著有《续茶经》。清代，在全国具有重要地位、重大影响的海派艺坛，其代表人物吴昌硕等多有涉茶之作。当代，吴觉农先生曾在上海工作生活18年，其间发表重要茶论，并担任总部设在上海的中国农学会的秘书长；陈宗懋院士曾长期在上海生活和求学；享茶寿之年的张天福为上海人；原安徽农业大学党委书记王镇恒教授至今仍居住沪上。上海的茶饮生活及相关物事，既事关民生也应该呈现文化氛围，既需要科学观念的提倡也应该以人文关怀和历史情怀为底蕴，既注重品饮佳茗的产品质量和健康作用，也应该以美好的形式、艺术的雅趣来为人们身心的丰富与发展提供素材和载体。这样的茶饮文化，才能够担当起对外交流和中外民间互动的应有角色。缘于此，我们编写了这本具有上海特色的《海上茗谭》。

全书共分六章，内容包括：茶海钩沉、茶学初探、茶事茶器、茶与保健、茶艺表演、茶饮创新，另设附录茶用英语。本书以崇尚科学、着眼普及、传播文化、陶冶情操为追求目标，简明而全面地介绍了上海茶文化和饮茶习俗的历史演化，以及茶叶在民生文化等领域的深远影响；细说了六大茶类的关键工艺及其冲泡和储存；详细介绍了茶叶的有效成分和保健功效，科学地选茶用茶，以及饮茶宜忌，同时辑录了一些简便的保健茶方；详述了茶艺表演这一独特的茶文化艺术形式；分析了新式茶饮的崛起和成因，以及对茶饮文化带来的冲击和影响。内容力求做到通俗易懂，满足各层次读者的不同需求。

我们真切希望通过本书的编辑出版，进一步弘扬茶文化，普及茶知识，广泛开展学术交流，促进茶科学技术的繁荣和学科发展，促进茶科技的普及与推广，促进茶科技人才的成长和提高，促进少儿茶艺的发展和兴旺。

周星娣

2019年10月

目 录

第五章　茶艺表演　161

162 茶艺表演概述

168 艺术肢体语汇的运用

186 感知音乐旋律与节奏

189 情感表达与内心体现

190 创新方法与技巧

第六章　茶饮创新　199

200　宏观经济下的茶饮市场

207　茶饮创新

230　茶饮行业前瞻

附　录　茶用英语　234

参考文献　249

后　记　250

第一章

茶海钩沉

兰笋茶出佘山

在大多数人的印象中,上海不是产茶的地区。但是,地处上海西南的松江佘山早在明代就开始栽茶、制茶,所产茶叶品质优良,可与当时的顶级名茶相媲美。清嘉庆《松江府志》载:"佘山,在府城北二十五里,……土宜茶,产笋有兰香,康熙五十九年赐名兰笋山。"佘山因所产竹笋有兰香而被康熙赐名曰"兰笋山",故佘山茶也有"兰笋茶"之称。

明代深山茗品

明代松江人冯时可在他的《茶录》里记载了佘山的茶叶生产情况:"松郡佘山亦有茶,与天池无异,顾采造不如。近有比丘来,以虎丘法制之,味与松萝等。"意思是说佘山所产之茶和苏州天池相比,在采摘、制茶方面有所欠缺,但不久前从苏州来了一个和尚,用虎丘茶的制茶方法,提高了佘山茶叶的品质,茶味可以和安徽的松萝茶比肩。隐居佘山多年的明代文学家、书画家陈继儒在其《茶话》中亦云:"余乡佘山茶,实与虎丘伯仲,深山名品,合献至尊,惜收置不能五十斤也。"明崇祯《松江府志》对佘山茶评价更高:"识者谓其味清香轻,远出虎丘上,以不广植,故名不行他郡耳。"可见,最晚至明代末期,佘山茶的质量已经不亚于甚至超过了当时的顶级名茶,达到了可以进贡朝廷的程度,只是产量稀少,属于鲜为人知的"深山茗品"而已。

苏州的虎丘茶、天池茶以及安徽的松萝茶可谓明代声名卓著的顶级名茶。曾任青浦知县的明代戏曲作家屠隆《考槃馀事·茶笺》评论当时天下茶品说:"虎丘,最号精绝,为天下冠。……天池,青翠芳馨,啜之赏心,嗅亦消渴,诚可称仙品,诸山之茶,尤当退舍。"对虎丘、天池的茶叶极口称赞。稍后,松萝茶也学虎丘茶制法,且后来居上,声誉超过了虎丘茶和天池茶。明代博物学家谢肇淛《五杂俎》说:"今茶品之上者,松萝也,虎丘也,罗岕也,龙井也,阳羡也,天池也。"文中的"罗岕",指的是江苏宜兴和浙江长兴交界处所产的蒸青绿茶,亦称"岕茶";"阳羡"是宜兴的古称,所产名茶据说因陆羽的推荐而成为唐代贡茶,卢仝诗句"天子须尝阳羡茶,百草不敢先开花"是称赞阳羡茶的千古绝唱。

明代佘山茶能与虎丘茶、天池茶、松萝茶等顶级名茶相媲美，可见其品质之非凡，只是因为产量稀少、流通不广而没那么有名而已。

明末清初，佘山茶已成为一茶难求的珍品。松江人叶梦珠《阅世篇》载："吾郡佘山所产之茶，所谓'本山茶'者，向不易得。其味清香，大约与徽茶等，而购之甚难，非贵游及与地主有故交密切者不可得。即得亦第可以两计，不可以斤计。殆难与他茶价并低昂也。"意思是说，佘山茶被当地人称为"本山茶"，茶味清香，但购求甚难，即使是和茶园主人有交情者，也只能买到几两，而且价格居高不变。黄霆《松江竹枝词》的"佘山茗叶胜寻常，制焙初成气更香"，则是对佘山茶优良品质的夸赞。可见，直到清代晚期，佘山茶还保持着量少质优的生产特点。

清心润肠佘山茶

有趣的是，那位给佘山带来先进制茶技术的苏州和尚很快就被佘山老衲赶走了，理由是"无为此山开膻径而置火坑"。意思是说，不要

佘山远景

为佘山开辟让人逐利的门道而给佘山带来灾祸。当时的佘山是佛门清净之地，不能被追逐经济利益的世尘污染。对于佘山老衲驱逐苏州和尚的理由，冯时可在《茶录》中解释说："盖佛以名为五欲之一，名媒利，利媒祸。"佛教把"财、色、名、食、睡"等五种欲望称为"五欲"，"名"是其中之一。名闻利养，有名了就会产生利益；利令智昏，对利益的追逐往往令人丧失理智，最终酿成灾祸。冯时可的解释说明了寡欲清心的佘山老衲不希望在一向清净的佘山发展茶叶生产的原因，揭示了佘山茶产量稀少的人文因素。

佘山自古是高人隐逸、僧侣修道的清净去处，一向不为世尘所染。佘山所产茶叶，只为僧人修行，隐者清心，文士润肠，不求量多牟利。清代晚期顾翰《松江竹枝词》："兰笋山头尽丽春，采茶娘子晓妆新。

佘山茶和茶园

有泉能把郎心洗，莫负当年聪道人。"就是对佘山茶人的告诫，希望人们在茶事活动中不忘洗心，切莫辜负聪道人开凿洗心泉的初心。黄霆《松江竹枝词》："门外洗心泉味好，为郎手煮润诗肠。"说的就是以洗心泉煮佘山茶，饮之清心润肠的道理。

佘山洗心泉，相传为北宋高僧聪道人开凿。聪道人，据《云间志》引《灵鉴塔铭》云："姓仰，名德聪，兴国太平三年结庐于佘山东峰，有二虎大青、小青为侍。"他是一位传奇高僧，其所凿洗心泉，成为佘山修行清心的标志性古迹，不仅为历代文人隐士所喜爱，现在也仍是颇有人气的观光景点。

现在的西佘山茶园是20世纪50年代营造的。1957年，松江林场从浙江杭州的梅山坞引进优质茶树，开拓了栽种面积20余亩的茶园。佘山引进的茶树大多为"龙井43"，且成品茶形扁平、光滑秀挺，故现代的佘山茶有"上海龙井"的美誉，曾作为上海市土特产特色产品之一而跻身"沪郊百宝"的行列。2008年，佘山茶注册了"上海兰茶"的商标，成为上海的第一个茶叶品牌，每年产茶约500千克，其中明前茶约20千克，仍然属于珍稀茶品。

古代茶人茶书

虽然上海算不上产茶地区，但上海茶文化的历史还是非常悠久和深厚的。在明清时代，上海出现了一些编写过茶书的爱茶人，他们的茶书在上海乃至中国茶文化史上具有不可忽视的价值，了解明清时代上海茶人的茶书及其对茶文化的贡献，是认识上海茶文化的历史价值的重要途径。

徐献忠：著《水品》载上海名泉

徐献忠（1493—1569），字伯臣，号长谷翁，松江华亭人，明嘉靖四年（1525）举人，曾任浙江奉化知县，有政绩，后弃官寓居吴兴。工诗善书，著作颇丰。撰有《吴兴掌故集》《长谷集》《乐府原》《金石文》《水品》等。

《水品》成书于明嘉靖三十三年（1554），是关于煎茶用水的专论，6 000余字，分上下两卷。《四库全书总目提要》载："是编皆品煎茶之水，上卷为总论，一曰源、二曰清、三曰流、四曰甘、五曰寒、六曰品、七曰杂说；下卷详记诸水，自上池水至金山寒穴泉……"也就是说，上卷分7项论水的性质和品评尺度；下卷分述各地名泉名水，其中对泰山诸泉、华山凉水泉、终南山征源池、京师西山玉泉等当时华北名水的叙述尤为可贵，堪称我国古代茶文化史上最为详尽的论水著作。

下卷最后的"华亭五色泉"和"金山寒穴泉"，是上海的宜茶名泉，惜皆久湮无存。五色泉在"松治西南数百步。……今其地无泉，只有八角井，云是海眼。……所谓五色泉，当是此，非别有泉也。"八角井水甚佳，徐献忠认为与陆羽品评过的丹阳观音寺、扬州大明寺水"无异"。寒穴泉在"松治南海中金山上"，杨潜《云间志》："金山在县东南九十里……，山北有寒穴，其泉香甘。"宋代词人毛滂《寒穴泉铭序》："寒穴泉甚甘，取惠山泉并尝，至三四反复，略不觉异。"认为寒穴泉水和被称为"天下第二泉"的惠山泉同样甘甜。宋人许尚《华亭百咏》咏寒穴泉曰："渍涌悬崖下，泠泠注不穷。将期挹甘冷，弱水渐难通。"王安石《次韵唐彦猷华亭十咏·寒穴》亦云："山风吹更寒，山月相与清。"说明宋代时寒穴泉水甘甜清冽，堪称宜茶名泉。金山在明代已沉没于海，徐献忠对此感到十分惋惜，期待"他日桑海变迁"，寒穴泉能重见天日，为茶人所用，表现了对家乡宜茶名泉的拳拳之忧。

陆树声：《茶寮记》倡饮茶人品

陆树声（1509—1605），字与吉，号平泉，松江华亭人。明嘉靖二十年（1541）进士，官至礼部尚书，年96岁卒，谥号文定。善烹茶，体会精深，著有《茶寮记》一篇，另有《平泉题跋》《耄余杂识》《长水日记》《陆文定书》等著述。

《茶寮记》作于明隆庆四年（1570）前后，系陆树声家居时与终南山僧明亮于自家茶寮同试天池茶而作的小记。全文约500字，分前后两篇，前篇为《漫记》，后篇题作《煎茶七类》。

据前篇《漫记》可知，陆氏茶寮内设有茶灶，"凡瓢汲罂注濯拂之具咸庀。择一人稍通茗事者主之，一人佐炊汲。客至则茶烟隐隐起竹外。"是一个烹茶设备、器具一应俱全，有专业茶师执掌其事的茶空间。这样的茶寮，常有禅客造访，"每与余相对，结跏趺坐，啜茗汁，举无生话。"他的茶寮同时也是一个跏趺盘坐、啜茗话禅的禅空间。这大概就是"余方远俗，雅意禅栖"的陆树声为人们描绘的理想的闲适生活空间。

后篇《煎茶七类》阐述人品、品泉、烹点、尝茶、茶候、茶侣、茶勋七则。其中最受人称道的是"人品"一则："煎茶非漫浪，要须其人与茶品相得"，强调饮茶者的人品修养，对研究中国古代茶道思想颇有价值。

陈继儒：编《茶话》言简意赅

陈继儒（1558—1639），松江华亭人，字仲醇，号眉公，又号麋公。明代文学家、书画家，与沈周、文徵明、董其昌并称"吴派四大家"。后隐居东佘山，著述颇多，有《眉公全集》。陈继儒多有劝世箴言之作，其《好人歌》被有关部门认为有教育意义，组织编写并拍摄了一部题为《上海松江陈继儒——立德立言，导人以善》的专题片，曾于2016年8月在中央纪委监察部网站播放，为反腐倡廉、树立社会主义核心价值观提供了正能量。

陈继儒是对茶文化很有研究的文人，曾为夏树芳的《茶董》作序。在序言中，陈继儒说："（予）每与客茗战，旗枪标格，天然色香映发。若陆季疵复生，忍作《毁茶论》乎？"并论茶与酒的关系，"热肠如沸，茶不胜酒，幽韵如云，酒不胜茶。酒类侠，茶类隐；酒固道广，茶亦德素。"明万历四十年（1612）前后又著《茶董补》，

陈继儒画像

旨在补充《茶董》之不足。《茶董补》全书7 000余字,分上下两卷。上卷补嗜尚、产植、制造、焙瀹等,下卷辑录古代茶诗文,内容广泛。

另有《茶话》一篇,系摘录其《太平清话》和《岩栖幽事》中有关茶事论述编辑而成,简明扼要。其中多有精辟之言,为后世茶人引用。如"采茶欲精,藏茶欲燥,烹茶欲洁",强调采茶须精细挑选嫩芽,茶叶储存必须防止受潮,煮茶讲究茶、水、器的洁净,是非常实用的经验之谈。

"品茶一人得神,二人得趣,三人得味,七八人是名施茶",可能是陈继儒最为经典的一则茶论。认为一人独饮才能领略茶的神韵,是品茶的最高境界。陈继儒想要提倡的是像卢仝那样,一人独饮,超凡脱俗,且不忘天下苍生的饮茶境界。卢仝《走笔谢孟谏议寄新茶》(俗称《七碗茶诗》)云:"柴门反关无俗客,纱帽笼头自煎吃。"说的是卢仝收到友人寄来的新茶,立马闭门谢客,自煎独饮的情景。谁知一连喝下七碗,便觉飘飘欲仙——"惟觉两腋习习清风生。蓬莱山,在何处?玉川子乘此清风欲归去。"但是,卢仝并没有停留在仅仅追求个人的超凡脱俗、自我陶醉的境界,还倾诉了关注天下苍生疾苦的情怀——"安得知百万亿苍生命,坠在巅崖受辛苦。"这是以卢仝为代表的中国古代茶人的茶道观,体现了儒家"修身齐家治国平天下"的理想。陈继儒说的"一人得神",和卢仝《七碗茶诗》所描绘的饮茶境界是一致的,是对古代中国茶道精神的高度概括。后面的"二人得趣",指二人对饮,声气相求,此唱彼和,幽情雅趣,尽在其中;"三人得味"是说三人品饮,一壶茶汤,分斟三杯,浓淡温凉,恰合茶味。其饮茶的境界层次,显然不能和"一人得神"相提并论,更不用说"七八人是名施茶"这样单纯以解渴为目的的情形了。

张谦德:撰《茶经》附益新意

张谦德(1577—1643),字叔益,后改名丑,字青父,号米庵,又号蘧觉生,明代嘉定(一说昆山)人。科考未第,闭门读书,致力收藏古籍书画,是著名的收藏家、古书画研究家和茶学研究家。著述颇多,除《茶经》外,还著有《名山藏》《清河书画舫》《书法名画闻见录》《真迹日录》《朱砂鱼谱》等。

张谦德对茶叶采制、冲泡、茶器进行研究,认为虽然"鸿渐之《经》、君谟之《录》,可谓尽善尽美矣",但"烹试之法,不能尽与时合",于是"折中诸书,附益新意",编撰了这本和陆羽《茶经》同名的茶书。

张谦德《茶经》成书于明万历二十四年(1596)年,分上、中、下三篇,共2 000余字。上篇论茶,有茶产、采茶、造茶、茶色、茶香、茶味、别茶、茶效,共8则;中篇论烹,分别是择水、候汤、点茶、用炭、洗茶、熁盏、涤器、藏茶、茶助、茶忌等11则;下篇论器,包括茶焙、茶笼、汤瓶、茶壶、茶盏、纸囊、茶洗、茶瓶、茶炉9则。内容简要切实而多新意,是研究明代及明代以前茶文化的重要资料。

明代流行散茶冲泡,茶叶在制作过程中容易染上尘埃,故在张谦德之前,钱椿年《茶谱》就提出了洗茶的步骤。屠隆《茶说》出现了用以洗茶的器皿,书中所列茶具名称中有"沉垢"一器,注曰"古茶洗",又有"漉尘"一器,解释为"洗茶篮",但没有说明其形制和用法。张谦德《茶经》最早对茶洗进行了具体说明:"茶洗以银为之,制如碗式而底穿数孔,用洗茶,凡沙垢皆从孔中流出。亦烹试家不可缺者。"稍后,文震亨《长物志》则说:"茶洗,以砂为之,制如碗式,上下二层,上层底穿数孔,用洗茶,沙垢悉从孔中流出,最便。"这些记载告诉我们,茶洗的材质由竹篾到银质,再到砂陶,构造由一层到两层的发展过程。张谦德《茶经》的资料价值,由此可见一斑。

冯时可:辑《茶录》记佘山茶叶制法

冯时可,字元成,又字元敏,号敏卿,生卒年不详,松江华亭人。明隆庆五年(1571)进士,官至湖广布政司参政,有政绩。著述颇丰,有《左氏释》《上池杂识》《两航杂录》《石湖集》等传世,其著作集《冯元成杂著》83卷被收于1996年北京出版社出版的《四库禁毁书丛刊补编》。

《茶录》是冯时可撰于明万历三十七年(1609)的一篇论茶短文。现存5则,分别记述茶的别称、陆羽著《茶经》缘由、虞洪采茗遇仙传说、宜茶山水、煎茶要领等内容,共500余字。作为中国古代茶书,曾被认为"其中均是常见文字,无多少参考价值"。

但上述评价是有失偏颇的。首先，作为上海茶文化史料，冯氏《茶录》是最早记载佘山茶制法的文献，冯氏还从人文的角度揭示了佘山茶没有向扩大产量的方向发展的原因，这是《茶录》在上海茶文化史研究上值得关注的价值所在。

其次，文中对松萝茶的创制过程的叙述是研究松萝茶历史的重要史料。文曰："徽郡向无茶，近出松萝茶，最为时尚。是茶始比丘大方。大方居虎丘最久，得采造法，其后于徽之松萝结庵，采诸山茶，于庵焙制，远迩争市，价倏翔涌，人因称松萝茶，实非松萝所出也。"文章指出，赫赫有名的松萝茶实际是集诸山茶叶，用苏州虎丘茶的采制法创造的优质茶品，并非是松萝所产。这是我国茶史上最早的关于松萝茶起源的记载。

陆廷灿：《续茶经》集唐后茶事大要

陆廷灿，字扶昭，一字幔亭，生卒年不详，清代康熙、雍正时期太仓嘉定人，曾任福建崇安县（今福建南平武夷市）知县，颇有政声。著作除《续茶经》外，还有《南村随笔》《艺菊志》等书。陆廷灿喜爱菊花，尤嗜饮茶，"对寒花啜苦茗，意甚乐之""政暇兼及茶事，于采摘、蒸焙、试汤候火之法，益得其精"（黄叔琳《续茶经序》），素有"茶仙"之称。爱菊嗜茶，精行俭德，足见陆廷灿其人品性。

《续茶经》初刊于清雍正十二年（1734），是陆廷灿在武夷茶的产地崇安任职时撰写的一部茶事专著。在《凡例》中，陆氏说明了本书的写作动机："余性嗜茶，承乏崇安，适系武夷产茶之地，值制府满公，郑重进献，究悉源流，每以茶事下询，查阅诸书，每多见闻，因思采集，为续《茶经》之举。"《四库全书总目提要》称赞此书"补葺颇切实用，其征引亦颇繁富"，全书洋洋7万余言，是我国古代茶书中篇幅最大的一部。

《续茶经》仿陆羽《茶经》的体例，分类摘辑前人茶文化著述，编为三卷。卷上包括一之源，二之具，三之造；卷中包括四之器；卷下包括五之煮，六之饮，七之事，八之出，九之略和十之图。另有附录一卷，辑录自唐以来的历代茶法。

自唐至清约千载，产茶之地、制茶之法、烹茶之艺、饮茶之器，多有变异，故陆氏采摭诸书，逐一补叙，遂成《续茶经》鸿篇巨制。书中虽有辗转摘引、典据不明、张冠李戴的问题，但旁征博引，补辑考订，集唐后茶事大要，其功不可谓小。尤其是《续茶经》还保留了较多的罕见茶文化史料，对研究中国古代茶文化具有重要的学术价值。

海派茶馆茶楼

中国的茶馆，或称茶楼、茶坊、茶寮、茶社、茶居、茶铺等，是人们以饮茶为由头的公共空间。鸦片战争以后，上海开埠通商，人口物资，八方云集，茶馆文化迅速发展，不仅在上海茶文化史上占据重要地位，也是海派都市文化的一个重要方面。

海派茶馆的起源

一般认为，上海茶馆始于清代同治初年。徐珂《清稗类钞》："上海之茶馆，始于同治初。三茅阁桥沿河之丽水台，其屋前临洋泾浜，杰阁三层，楼宇轩敞。南京路有一洞天，与之相若。其后有江海朝宗等数家，益华丽，且可就吸鸦片。福州路之青莲阁，亦数十年矣，初为华众会。光绪丙子，粤人于广东路之棋盘街北，设同芳茶居，兼卖茶食糖果，清晨且有鱼生粥，晌午则有蒸熟粉面、各色点心，夜则有莲子羹、杏仁酪。……未几而又有怡珍茶居接踵而起，望衡对宇，兼售烟酒。更有东洋茶社，初仅三盛楼一家，设于白大桥北，当炉煮茗者为妙龄女郎，取资银币一二角。其后公共、法两租界，无地不有。旋为驻沪领事所禁。"提纲挈领地叙述了清末民初上海茶馆发展的概况。

这些都是在繁华闹市地段开设的规模较大、布置豪华的高档茶馆，也称"茶楼"。另有规模小、设备简陋的低档茶馆分布于大街小巷，俗称"茶馆店"。这类茶馆店大多是供应熟水的老虎灶经营的，也称"老虎灶茶馆"。关于老虎灶茶馆，留待后文再述，本节单说旧上海具有海派特色的高档茶馆。

就经营布局形式来说，旧上海的茶楼可分为苏式、粤式、日式等不同风格。清末民初的上海是属于江苏省的，所以这里所说的苏式茶楼，实际是指由上海、苏州、扬州等地人士所经营的茶楼，如阆苑第一楼、一洞天等；粤式是广东人开的茶楼，有同芳居、易安居等作为代表。清末上海茶楼的苏式和粤式的不同，可从当时的掌故类文献中窥见一斑。黄式权《淞南梦影录》："茶馆之轩敞宏大，莫有过于阆苑第一楼者。洋房三层，四面皆玻璃窗，青天白日，如坐水晶宫，真觉一空障翳。计上、中二层，可容千余人。别有邃室数楹，为呼吸烟霞之地，下层则为弹子房。"可见阆苑第一楼的特点是楼宇轩敞、规模宏大，除饮茶之外，还兼营烟馆和弹子房。而粤式茶楼兼营饮食，是以丰富多样的风味小吃和特色点心招徕顾客的。葛元煦《沪游杂记》载："广东茶馆，向开虹口，丙子春（1876），棋盘街北新开同芳茶居，楼虽不宽，饰以金碧，器皿咸备，兼卖茶食糖果，清晨鱼生粥，晌午蒸熟粉面、各色佳点，入夜莲子羹、杏仁酪，视他处别具风味。"佚名《春申浦竹枝词》云："专供顾客息游踪，茶馆精良算广东。既使相如疗渴症，点心又可把饥充。"强调了粤式茶楼以兼售小吃点心见长的经营特色。

最早的日式茶楼是位于白大桥北的三盛楼。《淞南梦影录》载："东洋茶社者，彼中之行乐地也。昔年惟三盛楼一家，远在白大桥北，裙屐少年之喜评花事者，只偶一至焉。近则英、法二租界，几于无地不有。"胡祥翰《上海小志》："日本茶社，俗称东洋茶馆，当光绪初，在虹口及四马路一带有所谓三盛楼、开东楼、玉川品香社、登瀛阁诸名目，皆日本茶社也。"可见，日式茶楼早在光绪年间就已如雨后春笋，但后来因色情活动猖獗，被日本驻上海领事馆查禁，"迫其停业回国"。

老上海的五大特色茶楼

在清末民初的上海为数众多的茶楼中，以下五大茶楼是非常有特色的，其历史沿革、所处位置、经营特点、客流情况等，作为海派都市文化的一环，具有重要的文史价值。

1. 湖心亭

豫园的湖心亭是现存最古老的上海茶楼。豫园原是明嘉靖年间进士，曾任四川布政使的潘允端的私家花园，始建于明代嘉靖三十八年（1559），万历五年（1577）落成，占地40余亩。园中假山叠石，曲径通幽，花草树木，竹影婆娑，亭台轩榭，错落有致，号称明代上海三大名园之首。取名"豫园"，"豫"通"愉"，是愉悦双亲的意思，原本是潘允端为孝顺其父潘恩而建筑的园林，湖中有亭曰"凫佚亭"。潘允端死后，豫园日趋荒芜，且数易其主，直至清乾隆四十九年（1784），布业商人们才集资在凫佚亭旧址重建湖心亭，成为布商们聚会议事的场所。

清咸丰五年（1855），湖心亭易主，更名为"也是轩"，开始作为茶楼经营，故至今有"海上第一茶楼"之称。清宣统年间，茶楼主人因赌博欠债盘出也是轩，接盘的刘姓商人取《诗经·蒹葭》"溯游从之，宛在水中央"的"宛在"二字，改其名为"宛在轩"，并更新桌椅设备，悬挂名家字画，引进丝竹民乐，营造古朴优雅的饮茶环境，颇受文人雅士的青睐。"宛在轩"虽然典出有据，不失风雅，但一般老百姓习惯上都称之为"湖心亭"。

民国时期作家孙家振有诗赞湖心亭曰："湖亭突兀宛中央，云压檐牙水绕廊。春至满阶新涨绿，秋深四壁暮烟苍。窗虚不碍蒹葭补，帘卷

湖心亭茶楼

时闻荇藻香。待到夜来先得月,俯看倒影入银塘。"诗中不仅说明了湖心亭坐落水中、飞檐入云的建筑特征,还描绘了春秋昼夜的不同景色,如此美景,确实令人神往。

1949年后,宛在轩茶楼改为国营,更名为"湖心亭茶楼",成为上海历史上延续时间最长的茶馆。

2. 春风得意楼

春风得意楼是上海城隍庙地段的又一座老茶楼。茶楼开设于清末光绪年间,楼名取自唐诗"春风得意马蹄疾,一日看遍长安花"。原址位于湖心亭北面,与湖心亭仅一水之隔。由于楼宇高大、轩窗四敞,凭栏眺望,豫园内景、荷花池、湖心亭、九曲桥,尽收眼底。宜人的景色和得法的经营提升了茶楼的人气,春风得意楼的生意非常红火。

春风得意楼雅洁敞亮,和城隍庙仅咫尺之遥,每逢初一、十五或城隍庙会之日,善男信女在城隍庙烧香祭拜完毕后,有些人便来茶楼喝茶,生意格外繁忙。其中有不少是拥绿戴珠、涂脂抹粉的青楼妓女,三五成群,花枝招展,招来一帮游蜂浪蝶,于是风言俏语,一片乌烟瘴气。清光绪二十四年(1898),保甲总巡大人以男女混杂、有碍风化为名,查封了春风得意楼。经老板上下打点,最后县衙判定春风得意楼缴纳罚款银两若干了事。

经此一劫之后,春风得意楼改变经营方针,竭力招徕商贾作为茶客,将茶楼逐渐改变为商人打听行情、洽谈生意、会晤客户的场所。头戴瓜皮小帽、身着长衫马褂的生意人进进出出,很快就呈现出另一番热闹景象。

布业、糖业、豆业、钱庄业的商人大多在春风得意楼谈生意。商人忙于经商,不大会长时间孵茶馆,往往是谈好生意,稍坐即走,占座时间不长,故很受茶楼的欢迎。久而久之,各行业自然而然地形成了自己行业碰头的时间段,一拨走了又来一拨,大大提高了茶桌的利用率,春风得意楼也因此而大获其利。

谈生意免不了讨价还价,旧上海春风得意楼的生意人有他们行会专用的切口。例如"老有"是10文的意思,"旺色"是30文,"拳浪"是60文,"阳春"即是100文,外行人是听不懂的,这是行会排外的一种手段。

除了各行业的商人，一些做房屋中介的捎客也是春风得意楼的固定茶客。掌握了房屋出租和买卖信息的捎客在租赁或买卖双方之间穿针引线，巧言撮合，成交后提取一定比例的居间佣金。上海人口密集、流动频繁、房源紧张，房产信息十分重要，于是房产捎客便应运而生。旧上海把转让或获取房屋的所有权或租赁权称为"顶屋"，而把从事房屋中介的捎客称为"白蚂蚁"。白蚂蚁聚集多了以后，春风得意楼便有了"顶屋市场"的别称。

巡捕房的包打听也是春风得意楼的常客。他们"为巡捕耳目，系工部局雇佣者"，薪金丰厚，衣裳华丽，常来茶馆吃茶，打探消息，但却少有自掏腰包、惠钞茶资的。茶馆也因包打听们的"镇座"而减少了蛮汉闹事的情况，对包打听们的茶钱总是采取睁一只眼闭一只眼的态度。

20世纪三四十年代，春风得意楼生意每况愈下，其茶楼的优势地位逐渐被湖心亭所取代。1965年被拆除。如今位于方浜中路旧校场路口的春风得意楼是1999年重建的，无论是外观形态还是经营内涵，都体现了上海老城厢的文化特征。

3. 青莲阁茶楼

青莲阁也是老上海赫赫有名的老字号茶楼。青莲阁前身是被列为"上海洋场一景"的华众会茶楼，位于四马路（今福州路）中段的一处叫"昼锦里"的地方（现在外文书店的位置）。曾经，华众会和阆苑第一楼的生意都很不错，《淞南梦影录》载："四马路之华众会、阆苑第一楼、万华楼等，履舄骈阗，皆称繁盛。"但后来那水晶宫似的阆苑第一楼由于"包探捕役、娘姨姘头，以及偷鸡剪绺之类，错出其间，而裙屐少年反舍此而麇集于华众会矣。"也就是说，因为阆苑第一楼茶客太杂，许多"裙屐少年"都选择去华众会喝茶了，因此，华众会生意日益兴隆。清末吴语小说《海上花列传》中即有往华众会楼上泡茶消遣的描写。

华众会何时易名为青莲阁，已无法考证，据说"青莲"二字取自唐代诗仙李白的"青莲居士"雅号。近代小说家包天笑《钏影楼回忆录》中回忆了儿时所见青莲阁茶楼的热闹情景。清光绪十年（1884），年

青莲阁茶楼

方9岁的包天笑从苏州来上海探望生病的父亲，姓贝的寄父带他坐皮蓬马车四处游玩，"广东茶馆也去喝过茶，女书馆也去听过书"，但印象最深的是青莲阁。他写道："我们又到四马路去游玩，那个地方是吃喝玩之区，宜于夜而不宜于昼的。有一个很大的茶肆，叫做青莲阁，是个三层。二层楼上，前楼卖茶，后楼卖烟……还有川流不息的卖小吃和零食的，热闹非凡。"

青莲阁卖茶，供应各地名茶，杭州龙井、开化龙顶、苏州碧螺春、黄山云雾茶、祁门红茶、福建乌龙茶等，名目繁多，应有尽有，以满足五方杂处的上海居民和四方云集的外地游客的不同饮茶嗜好。后来，又扩大经营范围，除卖茶卖烟以外，新设了诸如哈哈镜、西洋景、弹子房之类的游艺项目，以光怪陆离的娱乐消遣来吸引顾客。

再后来，青莲阁楼体因年久失修，无法继续营业，遂将旧楼盘给当时在出版界异军突起的世界书局，另选新址建楼重新开张。1932年，青莲阁新楼在四马路中市和西市的交界口、大新街转角处（现在的福州路湖北路口）落成开业，仍然是上下三层。二楼为茶馆和米行，三楼辟为"小广寒游艺场"，游艺的收益大大超过了茶饮，茶馆的功能"退居二线"。由于青莲阁位处繁华地段，人流量大，三教九流鱼龙混杂，加上老板唯利是图、不择手段，因此，青莲阁很快就成了地痞流氓、烟鬼赌徒、嫖客暗娼的出没之所，茶楼的声誉日趋下滑。于是，正经的茶客纷纷改换门庭，移到新雅、大三元等广东茶馆去喝茶了。抗日战争胜利以后，青莲阁依然未能恢复元气，在激烈的竞争中悄然退出了历史的舞台。

4. 五云日升楼

五云日升楼也是清末上海名气最响的茶楼之一。茶楼位于今南京东路浙江路口,是五衢交汇之处,故取名"五云日升",象征茶楼地处五路通衢,顾客四方云集,生意如日方升的美好前景。五云日升楼也称"五龙日升楼",如郁慕侠《上海鳞爪》和曹聚仁回忆录中都作"五龙日升楼",也许是人们对该茶楼的俗称,简称"日升楼"。因占地利,开张后茶客盈门,生意兴隆,名气不断上升。

五云日升楼创建于何时,不得而知。1893年《点石斋画报》的"赛灯盛会八图"中绘有男女茶客拥挤在日升楼的二楼走廊上观灯的热闹场景,廊檐栏杆上装有五块圆牌,分别写着"五云日升楼"五个大字,可见在1893年前,五云日升楼已经是上海颇有人气的大茶楼了。

五云日升楼临街而建,在走廊或阳台上可以观赏马路上人来人往的街景。清末的时候,坐马车在马路兜风是闺阁千金、青楼妓女们的时尚。因此,每到下午,一些纨绔少年便会去日升楼,泡上一壶茶,在临街阳台上一边喝茶一边欣赏过往马车里美女的倩影。清光绪三十四年(1908),上海第一条有轨电车开通,线路在大马路上,从西藏路到外滩。叮叮当当的电车在日升楼下经过,又成为楼上茶客聊以消遣的一道风景。清末谴责小说的代表作家吴研人的《沪上百多谈》中有一"多"是"五云日升楼转角多电车",说明在日升楼前行驶的电车是当时上海颇有人气的一景。

《点石斋画报》五云日升楼

20世纪20年代是五云日升楼的鼎盛时期。先施和永安两家百货公司，分别于1917年和1918年先后在南京路开业，给近在咫尺的日升楼带来了客流，日日茶客满座，生意十分红火。然而，好景不长，十多年后日升楼开始走下坡路，最终关门大吉。1933年10月出版的《上海鳞爪》记载："还有一家牌子很老的五龙日升楼，也因生意清淡，自动的收歇。……最近在日升楼遗址，新开设一家方壶酒庐。"可见1933年10月前日升楼就已歇业关张了。

5. 文明雅集楼

文明雅集楼是以环境雅致、文士云集而著称的旧上海茶楼，位于二马路（今九江路）口，毗邻扬州人开的"洗清池"浴室，是名副其实的可以"早上皮包水，晚上水包皮"的去处。

文明雅集楼的创办者是清末画家俞达夫。俞达夫（1862—1922），原名俞礼，别号随盦，浙江绍兴人，是著名画家任伯年的入室弟子，人物花鸟，尽得师传。在上海鬻画，凡四十余年。俞达夫生财有道，善于经营，除文明雅集楼以外，还开过照相馆。

清末光宣时期，上海的文人墨客颇喜雅集，一开始没有固定场所，常常聚集在茶馆品茗谈艺，还进行书画、古董等艺术品的买卖交易。文明雅集楼为喜爱雅集的文人墨客提供了进行雅趣活动的经营性公共空间。茶楼于1909年1月5日正式开张，其中书画室、琴棋室、丝竹场、金石斋、品茗厅、聚宾轩一应俱全，既能满足中国文人传统雅集的种种需要，又提供了更加专业的服务，很受欢迎。画家钱化佛回忆说："物以类聚，那些书画家傍晚无事，总是不约而同到文明雅集来谈天说地，考古证今。更有一班喜弄丝竹的，又把文明雅集作为俱乐部。"

经常利用文明雅集楼举办活动的还有著名灯谜社团"萍社"。萍社的领袖人物是素有"报界耆宿"之称的孙玉声，以著有《海上繁华梦》等小说而闻名于世，喜好猜谜射虎（猜谜语又称"射文虎"），曾编《春迷大观》一书出版。另有擅长"射文虎"的五位文人，被称为"萍社五虎将"，都是热心猜谜活动的积极分子。他们经常借文明雅集楼举行活动，茶座间悬挂着灯谜，还准备文房用品作为奖品，吸引了许多腹笥丰赡的灯谜爱好者。萍社的活动给茶楼增添了浓厚的文化艺术色彩，文明雅集楼迁至四马路后,萍社成员也随之转移到四马路新址进行活动。1922年俞达夫去世后,文明雅集楼便偃旗息鼓,停止了书画、丝竹、猜谜等文艺活动。

茶馆的社会功能及其负面影响

茶馆是城市生活的一个公共空间,三教九流、各色人等麇集其中,不仅仅是为了饮茶,大多是各有目的,不同的顾客对茶馆有不同的利用价值,而茶馆为满足顾客利用目的的作用,就构成了茶馆作为公共空间的社会功能。在此,我们把旧上海茶馆的社会功能归纳为以下几个方面。

1. 休闲调适功能

这是不分高档、低档,也不分海派、粤派,所有茶馆都具有的社会功能。年老无事的老人,每天在茶馆消磨时光,喝着茶,聊着天,发着呆,打发着那一天的日子。年轻人忙于事业,疲于奔波,得空去茶馆泡壶茶,歇息放松,涤除烦躁,调整身心,然后精神饱满地继续投入工作。那些箍木桶的、修棕绷的、磨剪刀的、锔瓷器的等走街串巷讨营生的手艺人,中午往往在老虎灶茶馆歇个脚,喝些茶水,啃些干粮。就这样,午餐对付过去了,体力也得到恢复了。休闲调适是茶馆的基本功能。

2. 沟通传播功能

围着桌子喝茶,便于谈话,所以朋友见面,商人洽谈,同仁聚会,甚至劳务雇佣,纠纷调解,大多选茶馆作为场地。老友叙旧有雅座,情侣幽会有包厢,那些特定或不特定的茶客们聊天侃大山等,则可以在大堂里选择合适的座位。茶馆提供晤谈场所,人们在此沟通人际思想、交流行业资讯、调解帮会纠纷、传播社会信息。

利用茶馆洽谈生意者,最多的是掮客。陈伯熙《上海轶事大观》载:"凡操掮客之业者,概以茶馆为营业之机关。因沪上房租甚昂,居家多择偏僻之处,则租金较廉。僻处则不便与有关系者日日聚会,故以茶楼为宜,以茶楼多居闹市也。……且茶楼会谈,清茗一壶足矣。即益以点心,所费亦细。"对于没有固定办公场所的掮客来说,茶馆交通方便,花费不多,是理想的"营业机关"。为了确保座位,掮客们往往有自己的专座,按月结账,称为"吃包茶"。陈伯熙指出:"既常以茶楼为会集之地,即为常客,在茶楼主人之计值,自以月计,必较鲜来之客取值为廉。以故沪上各茶楼,每至满座。不知者方为沪人性独嗜茶,而不知其乃为掮客之营业机关也。"

同时,不管认识的还是不认识的,坐在同一张桌子喝茶就会攀谈起来,天南地北、时事动态、坊间传闻、家长里短,都是茶桌上的话题。在识字率较低、传媒手段并不发达的旧上海,茶馆无疑是传播社会信息的重要平台,而消息灵通的茶博士则往往是各种社会信息、花边新闻的热心传播者。因此,小报的记者利用茶馆采访花边新闻,巡捕房的包打听也常在茶馆打听办案线索。

3. 娱乐教化功能

过去的茶馆里大都有说书或戏剧的演出,给茶客带来文艺娱乐的享受。茶馆的戏剧演出,据说始于戏园改名茶园的举措。清道光皇帝驾崩,朝廷诏令全国守孝三年,禁止娱乐,戏园停业。唱戏的艺人生计无着,不得已而将戏园改为茶园,在茶园演戏,不违禁令。于是产生了丹桂茶园、富春茶园、天仙茶园等冠名"茶园"的"演戏兼饮茶"的场所。竹枝词"茶园丹桂满庭芳,到底京班戏更强"说的就是丹桂茶园和满庭芳茶园以京班演员叫座的特点。后来,一般的茶馆为了招徕顾客,也引进演艺,但由于舞台条件的限制,大多只能是演说书、评弹等曲艺和滩簧之类的地方小戏,形成了"饮茶兼演艺"的茶馆。竹枝词:"茶楼高坐有红妆,半面琵琶歌羽裳。一笑回头谁属意,状元台上状元郎。"说的是茶馆唱评弹的情景。在娱乐方式并不多样的清末民初,茶馆的说书、评弹、滩簧等曲艺是人们娱乐享受的重要方式。

在茶馆演出的剧目,其内容大都是宣扬忠孝节义、善恶有报,比较符合当时社会的价值观,再者,茶馆里对社会新闻、家长里短的议论,以及吃讲茶做出的是非公断,也基本上符合人们的价值观倾向,客观上起到了维护社会主流价值观,教化民众的作用。

茶馆的阴暗面也是不可否认的。由于茶馆是不特定人群聚集的公共空间,各色人等麇集其间,不免鱼龙混杂,加上老板为了牟利,往往兼售鸦片、开设赌场、勾引嫖娼,如此等等,无所不为。有竹枝词《烟茶楼》唱道:"层楼杰阁斗奢华,半卖烟膏半卖茶。此地生涯何热闹,撩人最是座中花。"这样的茶馆,可谓黄赌毒一应俱全。另外,坑蒙拐骗、剪绺扒窃各种犯罪在茶馆也经常发生。茶馆就是这样各种社会功能和负面影响并存的公共空间。

茶栈、茶行和茶庄

上海虽然不是茶叶产地,但随着鸦片战争后的开埠,上海逐渐成为重要的港口,城市的繁华促进了茶叶消费量和出口量的日益增长。国内消费和出口海外的茶叶大量在上海精制加工,在上海交易流通,到民国时期,上海已确立了华东茶叶集散中心的市场定位。

上海的茶叶市场

清末民初的茶叶贸易是促进上海茶叶市场发展的动力。1931年刊行的《商品调查丛刊第四编·茶》指出:"茶为我国出产大宗,素有声于全世界。贸易市场昔以广州、福州、汉口为主,近则时迁势异,以通商大户之上海,为全国茶叶之总汇矣。"据统计,民国16年(1928)"由上海华茶出口数量为华茶出口总额之百分之九十五以上","故我国茶类贸易情形,实可以上海为代表也",形成了民国茶叶贸易看上海之势。

茶叶的生产、流通有其完整而复杂的环节。据《商品调查丛刊第四编·茶》介绍,民国时期上海茶叶生产和流通过程大致是这样的:茶农,在旧上海茶行业中被称为"山户",是茶叶生茶的第一环节。从前,种茶不过是农民的一种副业,栽茶之地七零八落,茶树高矮杂乱,采茶季节雇佣短工,进山采摘。茶农将生叶制成毛茶,由茶贩收购,筛拣后卖给茶号,也有茶号直接派人去向山户收购毛茶的。茶号将收来的毛茶在茶厂精加工后卖给茶栈,有时也直接将毛茶批发给茶行。

茶栈和茶行都是茶叶经营的中间商。茶栈是把茶厂生产、装箱的成品茶介绍给从事茶叶贸易的外国洋行的中间商，亦称"洋庄茶栈""箱茶栈""洋庄"，别称"妈振馆（merchant）"。也有的茶栈自己附设茶厂，收购毛茶加工、装箱，以箱茶的形式售与洋行出口。上海的茶栈被称为"申栈"，通过两种途径进货。一种是收购产地加工好的箱茶运沪，称为"路庄茶"；另一种是收购产地的毛茶，在上海加工精制，称为"土庄茶"。路庄茶和土庄茶均"不能直接与洋商交易，必经茶栈之介绍"，所以茶栈的主要业务就是国内茶商和外国洋行之间的居间中介。除此之外，茶栈还从事金融借贷，把从银行、钱庄借来的钱再转借给茶商，获取利息的差额。"妈振馆"的别称即由此而来。

上海的茶栈可分为徽帮、广东帮、平水帮、土庄帮（本帮）等，相互之间展开着激烈的竞争。在1876年出版的葛元煦《沪游杂记·茶栈》中，共记载了20家有名号的茶栈，但在1931年的《商品调查丛刊第四编·茶》附录"上海茶栈一览表"中均已不存。令人想见茶栈兴衰更替的频繁。后来，随着外商在华势力的增强、印度和锡兰茶业的兴起而导致华茶出口受挫等各种因素，作为国内茶商和洋行之间的中间商的茶栈业务便日趋衰落。

茶行是介于茶号（或茶厂）与茶叶店庄之间的中间商，"其与茶栈不同之点，乃茶栈之营业属于出口，茶行之营业限于国内。茶栈所经售者为箱茶，茶行所经售为毛茶。"也就是说，茶行的主要业务是把毛茶介绍给茶厂，或者把茶厂出品的茶叶转卖给茶叶零售的店庄。和茶行业务类似的是"茶掮客"，在买卖双方之间谈盘论价，通过上下家之间的差价谋取利益。

茶厂，又称"土庄茶栈"，指设在上海的茶叶加工厂。茶厂通过茶行或茶掮客购进内地毛茶，加工精制，出品的茶叶被称为"土庄茶"。一般而言，土庄茶品质不如路庄茶，"故市上所售之茶，虽同一名称，而有路庄、土庄之别，价格相差甚远。"

茶厂出品的箱茶经茶栈转手卖给购茶洋行，由购茶洋行经再次烘拣、装箱，贴上外国商标后才装船运往各国。所谓购茶洋行，"乃外国洋商在沪设庄采办茶叶者也。"当时在上海的购茶洋行"以英商经营者虽多，法德亦有，但为数甚少。"俄国协助会独占了输俄茶叶贸易的全部份额，另有波斯、印度人经营的"白头洋行"，规模较小，后来受到俄国协助会的挤压而呈衰落之势。

面向国内茶叶消费的是茶叶店和茶庄,合称"店庄"。茶叶店庄从茶行或茶捎客手里买进毛茶,加工后零售给消费者。买进毛茶时使用的是"司马秤",以16两8钱为一斤,零售卖出时用的秤只有14两8钱,买进卖出之间足足相差2两。"吃秤"现象是旧上海茶叶行业的潜规则,也是各环节茶商获取利益的秘诀。

茶号、茶行、茶栈、购茶洋行、茶叶店庄等构成了旧上海茶叶市场的流通体系,体现了茶叶流通领域的上海特色。

天字第一号茶庄汪裕泰

旧上海茶商中值得一提的是汪裕泰茶庄。汪裕泰茶庄,创立于清咸丰元年(1851),其前身为"汪乾记茶行",创始人汪立政是安徽绩溪人,12岁即随族人到上海滩学生意。因办事认真、恪尽职守,备受店主器重。24岁独立做茶叶小本生意,又在父亲的支持下,变卖了老家的部分祖传田地遗产,创办了汪乾记茶行。

汪乾记茶行的发展是十分显著的。据《航海述奇》记载,清同治五年(1866)兵部员外郎张德彝随清廷使团出访欧洲,从天津到上海,寄寓"上海县新北门外洋场西北盆汤弄汪乾记茶行",其楼宇"极其华丽壮观"。说明经过约15年的苦心经营,茶行已发展成为具备接待朝廷大员的条件和声望的民间企业。

汪裕泰一号店

1895年汪立政去世后,其子汪自新继掌茶行,并将行名改为"汪裕泰茶号",

继续经营茶叶零售兼批发。汪自新大力扩大汪裕泰的业务范围,先后增设了汪裕泰第三茶号和第四茶号,1927年在杭州西子湖畔辟建汪庄,设立茶栈及门市部。汪自新还注重品牌建设,于1914年首创茶叶商标"金叶",其"金山时雨"获1915年巴拿马世博会金奖,1926年费城世博会又获甲等大奖,大大提高了汪裕泰茶叶的声誉。

1928年,汪自新次子汪振寰留日回国,继承祖业,进一步扩大经营,相继开设了第六、第七茶号。20世纪30年代是汪裕泰的鼎盛时代,拥有上海茶号8家、外地分号4家和2片茶厂,在上海乃至全国茶业界享有较高的声誉,经理汪振寰被推举为上海市茶叶商业同业公会常务理事、中国茶叶协会常务理事等职,在1947年出版的《上海时人志》中被誉为"我国茶商巨子",反映了汪裕泰在当时茶业界的重要地位。

1949年,汪振寰赴中国台湾、美国等地经营茶叶。1956年公私合营,汪裕泰并入上海茶叶有限公司,"汪裕泰"品牌从此被尘封多年。2010年,作为品牌所有者,光明食品(集团)、上海糖酒(集团)公司旗下的国有企业上海茶叶有限公司恢复了汪裕泰茶叶品牌,让百年老字号在现代上海茶业的发展中发挥其应有的作用。

民 间 茶 俗

饮茶进入人们的生活之后,逐渐形成了与人们生活密切相关的茶俗。茶俗是一个地方传统文化的积淀,反映了该地的时代风貌和价值观。上海的民间茶俗内容丰富,形式多样,体现了海派文化的特点。

老虎灶和吃早茶

老虎灶,即熟水店,是旧时售卖开水的营生。20世纪80年代初,拿着热水瓶到老虎灶买开水还是上海街头巷尾习以为常的景象。2013年10月,上海市区的最后一家老虎灶关闭,从此,老虎灶被锁进了老上海人记忆的仓库,成了老上海风物掌故之一。

老虎灶起源于何时,至今没有明确的结论。有学者研究认为,上海的老虎灶产生于19世纪末20世纪初。鸦片战争之后，上海开辟为商埠，大量外来人员涌入上海谋生。在人口密集的平民区域，因喝水、洗澡等对热水、熟水的需求日益增大，于是，能满足这种需求的老虎灶便应运而生。

关于"老虎灶"名称的来历有多种说法，较普遍的是认为源于灶体形状。老虎灶一般都是当街而设，灶膛对着门前街道。灶膛口上方有两个用以观察炉火燃烧情况的小孔，犹如两只虎眼，而灶膛口看上去恰似老虎的血盆大口。再加上设有滚水锅、暖水桶的庞大的灶体好像虎身，灶体后部穿出屋顶的烟囱好像老虎尾巴，因此，"老虎灶"是一个极其形象的称呼。

1906年刊行的颐安主人《沪江商业市景词》中，有一首题为《老虎灶》的竹枝词："灶开双眼兽形成，为此争传老虎名。巷口街头炉遍设，卖茶卖水闹声盈。"形象地概括了老虎灶的灶体形状、名称由来、分布场所，最后的"卖茶卖水闹声盈"指出了老虎灶的经营内容不仅是供应熟水，还附设茶馆，"闹声盈"三字描绘了茶客们饮茶谈笑的热闹场景。

老虎灶附设的茶馆大小不一，根据店铺房屋面积而定，但基本都属于低消费人群聚集的场所。清晨开门营业，附近的老人、闲人带着自己的茶具、茶叶陆陆续续地来喝早茶，花钱买老虎灶的开水。如果没有自带，也可以买店家的茶叶，用店家的茶具。泡了一壶茶，可以坐着喝两三个小时，小二会不时地给茶客添加开水。很多茶客的早餐都是在茶馆解决的，大饼、油条、粢饭等是上海老百姓爱吃的早点，通常在老虎灶附近的饮食摊点可以买到。喝着早茶，吃过早点，时间也到了8时、9时，甚至10时，茶客们才络绎散去。

"早上皮包水，晚上水包皮"，这是以前上海人早上孵茶馆喝早茶，晚上泡澡堂沐浴的生活习惯的生动写照。现在，生活条件改变了，人们有了在家里喝早茶，在家里泡澡的条件，但老虎灶时代的那种谈笑风生、其乐融融的早茶景象至今能唤起许多老上海人的怀旧情感。

新年元宝茶

新年喝元宝茶是流行于江浙地区的民间茶俗。元宝茶就是橄榄和茶叶混泡的茶，因橄榄形似元宝而被称作"元宝茶"。用橄榄煎茶，早在宋代就已流行,陆游《夏初湖村杂题》:"寒泉自换草蒲水,活水闲煎橄榄茶。"《午坐戏咏》:"贮药葫芦二寸黄,煎茶橄榄一瓯香。"说的都是橄榄和茶叶的混煎。但是,宋代的橄榄茶也许仅仅是橄榄和茶叶的混煎,其中的橄榄是没有任何象征意义的。

作为新年茶俗的元宝茶,其中的橄榄具有明显的象征性。将橄榄称之为"元宝",是金钱、财富的象征,寓意发财,寄托着人们对新的一年的富裕而美好生活的向往。

元宝茶习俗的历史并不久远,大概始于清末民初。清光绪年间,海上钓侣《过年竹枝词》:"放炮开门烛未残,茶名元宝合家欢。连称茶喜多如意,果品还装金漆盘。"这可能是目前所知有关元宝茶的最早记录。据说,元宝茶最早是在浴室、茶馆跑堂的伙计们发明的打秋风的一种手段。所谓"打秋风",就是假借名义索要财物,也作"打抽风"或"打抽丰"。从前的很多浴室、茶馆,大年初一也照常营业,浴资、茶资照旧,不涨分文,也没有给节日上班的伙计增加工资的惯例。于是,伙计们想出了一个生财之道,大家凑钱买来青橄榄,放入茶盅随茶沏泡,美其名曰"元宝茶"。新春伊始,给顾客奉上一碗元宝茶,道一句"恭喜发财",讨个口彩,可图几文利市小费。众所周知,大年初一就去泡澡、喝茶的大多是有泡澡和饮茶习惯的老顾客,利用新年元宝茶打老顾客的秋风,是浴室和茶馆的伙计们特有的生财之道。对此,民国报人郁慕侠在《上海鳞爪》中曾表示不解,他说:"别种商店对于常年主顾,到了年底只有客气对待,而浴室和茶馆反欲在老主顾前大打起抽风,真不可索解。"有竹枝词对利用元宝茶打秋风的"恶例"进行嘲讽:"浴室茶寮做佣工,他们最会打抽丰。橄榄唤作金元宝,送到人前索赏封。"据说,曾有温泉浴室的老板登报声明,本浴室取消新年打抽风和浴资加倍的惯例,受到了主顾的欢迎,但遭到了同行的侧目。

元宝茶还是大户人家佣人新年打秋风的惯例。《上海鳞爪》中写道:"每到新年,人们往亲友家去拜年或探访,它们佣人泡了一盅盖碗茶,茶盖上放着二枚青果(即橄榄),说道,请饮元宝茶。客人临去的时候,照例须给下红纸裹的茶包一封。大约在半个月内,客人第一次进门,它们泡了元宝茶,必须发红茶包。茶包的数目,约分三种,上等人家,大来大往,每包以一块到五块止;中等人家,四毛小洋到一块止;顶起码人家，至少二毛小洋。最普通以四毛小洋到一块钱为多数。真正的阔佬大亨，也有十块、二十块、五十块的，不过是一种例外的茶包了。"

利用元宝茶打秋风的"恶例"虽有违背商业道德之嫌，但元宝茶的招财进宝寓意毕竟是大多数人愿意接受的，因此，许多士绅人家也有新年用元宝茶招待来客的习惯。

旧上海的婚俗茶礼

我国古代传统婚姻礼俗被称为"三茶六礼"。"六礼"之名，见于《礼记》《仪礼》等记载古代典章礼制的书籍，具体是纳彩、问名、纳吉、纳征、请期、亲迎六道程序，是中国古代婚姻过程的理想规范。"三茶"是民间对简化的婚姻程序的俗称，通常指的是订婚时的"下茶"、结婚时的"定茶"和同房的"合茶"，但因地而异，说法未必统一。"三茶六礼"作为符合婚礼规范、明媒正娶的代名词，一直沿用至今。

然而，婚姻礼俗的程序是随着时代变化而变化的，并根据地域的不同而不同。至明末清初，上海一带许多贫寒家庭已不能完全按照古代六礼完成婚姻礼俗，但基本上还保留着类似"三茶"这样的基本程序。松江人叶梦珠在《阅世编》中说："婚姻六礼，贫家久不能备矣。至于纳彩、问名，庶民寒陋者亦所不免。"文中未提及"茶"字，但民间类似"三茶"的说法应该是存在的。例如清末吴语小说《海上花列传》："耐还有个令妹，也好几年勿见哉，比耐小几岁？可曾受茶？"再如《嘉定疁东志》对嘉定地区婚礼程序的叙述："俗尚择婚，以门楣为重，即所谓门当户对，大都三四岁即举行之。旧时婚之始也，由媒人（或由女之父母）用红帖书写女孩生辰八字，送至男家，男家延算命者抉择其一，谓之'合婚'。既相合，乃通知媒人，转达女家，是否欲意，谓之'讨回音'。待女家欲意，乃择日订婚，名'求吉'，俗名'安心'。所谓聘金，俗名'茶礼'。女家受盘，谓之'允吉'，又名'回茶'。自此以后，男女之终生定矣。即七八岁，择日定亲，曰'纳彩（即文定）'，女家受盘曰'答采'。迨男女成年，又择日行盘，曰'纳币'，女家曰'答币'。行盘之后择日迎娶，其期大都不越一年。"称聘金为"茶礼"，女家受盘允婚，谓之"回茶"，反映了茶在婚姻礼俗中的重要性已经成为民俗社会的普遍观念。

茶作为婚礼中不可或缺之物的习俗，大概形成于理学盛行的宋代。胡纳《见闻录》："通常订婚，以茶为礼。故称乾宅致送坤宅之聘金曰'茶金'，亦称'茶礼'，又曰'代茶'。女家受聘曰'受茶'。"宋代理学强调"一女不侍二夫"的封建礼教，茶在婚姻礼俗中象征"从一而终"的贞节观念。古人认为，茶树具有"不可移植"的特性，明代郎瑛《七修类稿》解释说："种茶下籽，不可移植，移植则不复生也。故女子受聘，谓之'吃茶'。又聘以茶为礼者，见其从一之意。"王象晋《群芳谱·茶谱小序》也说："茶，喜木也。一植不再移，故婚礼用茶，从一之意也。"后来，虽然"从一而终"的封建道德观念在民间逐渐淡化，但婚礼用茶的习俗和"下茶""受茶""回茶"等婚姻礼俗环节的名称却被沿用下来了。

金山区张堰镇一带的"泼茶强聘"陋俗，也是婚俗中茶的象征性的产物。《重辑张堰志》说："俗尚聘女用茶，故受聘谚云'受茶'。泼茶者，恐女家不允，强以茶泼置女家也。"意思是说，男方因担心女方不同意这桩婚事，便把泡好的茶泼进女方家门，代表女方已经"受茶"，可以强娶。确实是一种强词夺理的野蛮行为，但从中可以看出，婚姻礼俗中茶的象征意义作为一种民俗观念已经固化，甚至成为某些人堂而皇之地施行蛮不讲理行为的借口。

封建社会崩溃以后，人们头脑里的封建意识随着时代的发展而消亡，"从一而终"的封建道德观被抛进了历史的垃圾箱。胡祖德《沪谚外编》："自由择配有情郎，不用媒人排酒缸。秘密不向父母商，三茶六礼一扫光。"就是民国时期许多年轻女性不受旧传统观念的束缚，自由恋爱社会新风潮的写照。

1949年后，封建意识逐渐消亡，茶在婚礼中的象征意义也被推陈出新，由"从一而终"改为对新婚夫妇"白头偕老"的良好祝愿。现在年轻人婚礼中的敬茶环节，被赋予夫妻相敬如宾或孝敬长辈等新的含义，是茶文化在新时代的发展。

青浦"阿婆茶"

沪郊青浦区商榻地区流传着"阿婆茶"的习俗。"阿婆"，是人们对中年以上妇女的称呼，因此，顾名思义，"阿婆茶"就是大妈、大婶们聚在一起喝茶、唠嗑的茶话会。"阿婆茶"的名称,见于元代话本《快嘴李翠莲》。故事说京城李员外之女翠莲性格泼辣,嘴不饶人,为公婆所嫌。一天,公公向她讨茶吃,翠莲在厨房煎滚了茶,备好各样果子,捧着一盘茶来到堂前,口中便道:"公吃茶,婆吃茶,伯伯、姆姆来吃茶,……此茶唤作'阿婆茶',名实虽村趣味佳。"故事中的各色瓜果点心、语言特点都具有明显的江南地方色彩,因此有人认为,江南地区的阿婆茶习俗可追溯到宋代。

但商榻人相信阿婆茶的名称来源于乾隆皇帝的金口。相传乾隆皇帝下江南路经商榻,恰逢天气炎热,口渴难忍,便进村讨茶喝。正好见村妇们坐在一起喝茶,唇干舌燥之时,嘴皮子不太灵便,心急慌忙地只说了三个字:"阿婆,茶!"后来,这三字就成了大妈们喝茶聊天活动的名称。

阿婆茶所使用的茶叶通常是绿茶,龙井、碧螺春最受欢迎。传统的佐茶小菜有酱黄瓜、咸菜苋、萝卜干、腌雪菜、九酥豆等,点心有芥菜塌饼、麦芽塌饼、蒸毛芋艿等。现在,袋装的话梅、花生、蜜饯、糕点等成了阿婆们的首选。阿婆茶的煮茶工具也很有传统特色,商榻人家里灶间里都有一个壁灶,还有用在泥巴中加入稻草而混合制成的土风炉,可以灵活移动,便于在不同地点煮水煎茶。煮水,当地人称之为"炖水",所用器具一般是被称作"铜吊"的铝合金水壶。喜欢把茶叶放在小碗或陶瓷杯中沏泡,人手一碗(杯),浓淡温凉,各随己意。

"边喝茶边聊天,嘴不闲手不停"是商榻人对阿婆茶特点的概括。对于勤劳而善于持家的农家妇女来说,喝茶时净是唠嗑,时间浪费了是非常可惜的,所以,她们在喝茶的同时常常会做些诸如编虾笼、织毛线、纳鞋底之类的手工活。嘴里喝着、吃着、唠着,手里不停地编着、织着、纳着,名副其实的"嘴不闲手不停"。

妇女们聚在一起喝茶唠嗑,是不符合旧时代的传统价值观的,因此,召集阿婆茶必须有适当的理由。召集阿婆们喝茶,在商榻称为"喊吃茶",喊吃茶有各种各样的名头,例如小孩出生的"添丁茶"、婴儿满月的"剃头茶"、老人寿辰的"做寿茶"、结婚行聘的"担盘茶"、新房落成的"进屋茶"、财产分割的"分家茶"等,名目繁多,不一而足。

各种名头的阿婆茶具有休闲解闷、感情联络、角色确认、纠纷调解等社会功能,对构筑睦邻关系、促进社会和谐发挥了重要的作用,2006

青浦的阿婆茶

年，阿婆茶被列为上海市第一批非物质文化遗产。商榻地区有关方面也加强了对阿婆茶文化的研究和发掘，努力打造阿婆茶文化品牌，争取让古老的民间茶俗在创建美好生活过程中发挥其应有的作用。

清茶祭灶

腊月廿四又称"小年"，是祭灶的日子。以腊月廿四为祭灶日，不知始于何时。南宋诗人范成大《祭灶词》有"古传腊月二十四，灶君朝天欲言事"之句，可见，早在宋代就已在江浙地区形成了腊月二十四日送灶神上天的习俗。

上海民间有以茶祭灶的习俗。例如，嘉定马陆镇一带祭灶时用"茶、果、糖、饼"作为供品，清代封导源编纂的《马陆志》："腊月廿四，是夕送灶，用茶、果、糖、饼。以为灶神言人罪过于天帝，取膠牙之意。"相传，灶神是天庭派来观察各家善恶的，每年腊月廿四返回天庭，去向玉皇大帝汇报，在这一年之中这家中的人所做的坏事，玉皇按罪恶的大小减去该人的寿命。人们为了不让灶神在玉皇面前说自家坏话，想用饴糖粘住他的牙齿，故曰"取膠牙之意"。至于用清茶祭灶，大约早在唐代就已在江浙一带形成习俗了。唐代文学家罗隐《祭灶诗》中有"一盏清茶一缕烟，灶君皇帝上青天"句，清代顾禄《清嘉录》引诗云："春饧著色烂如霞，清供还斟玉乳茶"，说的也是清茶祭灶的习俗。所谓"饧",就是用麦芽和大米熬制的饴糖,和《马陆志》所说的"膠牙之意"是一样的。《马陆志》引本地文人诗:"凤烛辉煌兽篆清,离筵此夕不留行。楮钱未免犹从俗,牲醴还宜独展诚。半世庖厨知我俭,一年藜藿藉君烹。生平不惯依人热,三爵寒茶是别情。"不仅描写了马陆镇的祭灶习俗,还揭示了作为文人对茶在祭灶仪式中意义的理解——敬上三杯寒茶,以惜小别之情。

迎接灶神回归自家神龛的仪式称为"接灶",接灶的日子各地没有统一约定,可迟可早。早的是大年三十除夕夜,最晚在正月十五。例如,原嘉定县城习惯于除夕接灶,《嘉定疁东志》:"(除夕)夜半供灶马于殿,香烛茶果罗列殿前,虔诚拜之,谓之接灶。"而县内的马陆镇则是在元宵夜接灶,《马陆志》:"上元,是夕接灶,女子以茶果召厕姑卜事,略如扶箕之状。"接灶时燃烛炷香,供茶供果,略如送灶。映雪老人《除夕竹枝词》:"百无禁忌似门牌,接灶先将手面揩。果子一盆茶一盏,由来菩萨供长斋。"

民间信仰认为,灶神上天言事,说好话还是说坏话决定着这一家人的命运,所以,供奉灶神的神龛额上大多写"定福宫"或"东厨司命",神龛两侧对联则写"上天言好事,下界保平安",横批为"一家之主"。灶神在人们心目中和生活中有着非常紧密的关系,祭灶时供奉清茶、果饼表达了人们的某种期待,希望灶神保佑柴米油盐酱醋茶的日常生活能安定无虞。茶,在民间祭灶仪式中代表了柴米油盐酱醋茶等生活物资,故各地多有清茶祭灶的习俗,上海也不例外。

茶馆里头"吃讲茶"

"吃讲茶"是旧上海茶馆的茶俗之一。所谓"吃讲茶",就是利用茶馆这样的公共空间来评断是非、化解矛盾的办法。《嘉定疁东志》:"遇事不平,喜往茶馆争论曲直,凭旁人听断,理屈者令出茶资示罚,谓之吃讲茶。"

以吃讲茶方式解决矛盾纠纷的往往是下层民众。民众间如遇遗产继承、债务纠纷、邻里纠葛、婚姻破裂、权益侵占等问题,往往在茶馆协商,请权威人士评判是非曲直。黄式权《淞南梦影录》:"失业工人及游手好闲之类，一言不合，辄群聚茶肆中，引类呼朋，纷争不息。甚至掷碎碗盏，毁坏门窗，流血满面，扭至捕房者，谓之吃讲茶。"郁慕侠《上海鳞爪》也说："下层社会的群众，双方每逢口角细故发生，必邀集许多朋友到茶寮里去吃讲茶。"郁达夫在《上海的茶楼》中则把吃讲茶作为帮会解决纷争的惯例。在"八字衙门朝南开，有理无钱莫进来"的旧上海，吃讲茶也许是下层民众较为经济而有效的解决矛盾纠纷的办法。同时，茶馆是一个公共空间，众目睽睽，故评断是非、调解纠纷均须符合社会主流价值观，不能倚强凌弱，欺人太甚。否则，以吃讲茶方式化解矛盾纠纷的方法是不可能相沿成习的。

如果出现评判不公，当事人不服或者一方蛮不讲理的情况，则往往出现上述《淞南梦影录》所说的大打出手的情况。所以，在官方看来，吃讲茶是存在治安隐患的行为，曾"奉宪谕禁止，犯则科罚店主"。茶馆为避免惹是生非，在店堂悬挂"奉谕禁止讲茶"的小木牌，但是其效力几乎为零。

如果评判公允，协商结果双方都能接受，则由双方当事人同饮红绿混合茶作为了结。《上海鳞爪》："倘结果能和平解决，由一和事佬将红绿茶混合倒入茶杯，奉敬双方当事人一饮而尽，作为一种调和的表示。"有竹枝词唱道："双方口角偶尔生，同到茶寮讲一声。倘幸得逢和事佬，杯交合卺免纷争。"形象地概括了吃讲茶调解纠纷的社会功能。

文人饮茶佳话

文人大多爱喝茶，茶与文人往往有一种难解难分的情缘。文人饮茶，或提神益思、激发灵感，或以茶会友、切磋文艺，或以茶养心、陶冶性情，留下了不少与茶有关的佳话。作为上海文人的饮茶佳话，值得关注的是他们饮茶的经历、嗜好和感悟，因为这也是上海茶文化的重要内容。

鲁迅：无缘品茶的爱茶人

鲁迅爱喝茶，他在《三闲集·革命咖啡店》中说："我是不喝咖啡的，……，不喜欢。还是绿茶好。"鲁迅爱喝绿茶，尤其爱喝龙井。曹聚仁《鲁迅评传》说："鲁迅爱喝清茶，他所爱的不是带花的香片，而是青涩的龙井茶。"

鲁迅爱喝浓茶，这是他经常夜间写作所养成的习惯。周作人《关于鲁迅先生二三事》："鲁迅用的是旧方法，随时要喝茶，要用开水。所以在他的房间里，与别人不同，就是三伏天也还要火炉，这是一个炭钵，外有方形木匣，炭中放着铁三脚架，以便安放开水壶。茶壶照例只是所谓'急须'，与潮汕人吃功夫茶所用的相仿，泡一壶茶只可供给两三个人各一杯罢了。因此屡次加水，不久淡了，便须换新茶叶。"

许广平也回忆说："鲁迅有夜间写作的习惯，凌晨2点左右才睡觉。太疲倦了，就倒在床上睡两三个小时，有时不脱衣裳，甚至连被都不盖，就像战士蜷伏在战壕里。醒了以后，抽一支烟，泡一杯浓茶，又开始新的工作。为了提神，鲁迅喝茶要浓，甚至带苦味。在北京时，他独用一只有盖的旧式茶杯，饮一次泡一次。到了上海则改用小壶泡茶，勤换茶叶，以保持浓度与新鲜。"

鲁迅生命的最后十年是在上海度过的。在家写作、随时喝茶的习惯一如既往，加上文学青年来访，家里茶叶消费量大大增长。从《鲁迅日记》中可以看出，在北京时，买茶叶都是一次买一斤，最多一次买了2斤；但来上海之后，买茶叶的次数和数量明显地增加，有一次一下就让弟媳王蕴如代买了30斤新茶。

鲁迅生活节俭，茶叶总是买普通的，而且常常是请人从产地代买。例如，《鲁迅日记》1931年5月14日："以泉五元买上虞新茶六斤"；1933年5月24日："三弟及蕴如来，并为代买新茶三十斤，共泉四十元。"难得买一次好茶，还是趁廉价的时候，买了2两，"每两洋两角"。回家泡着喝了，写了著名的《喝茶》一文。

鲁迅经常去离住处不远的内山书店"茗谈"。内山书店的与众不同之处是店堂内设有茶桌，来店的读者可以坐下来喝茶、漫谈。所用的茶叶是从老板娘内山美喜的家乡京都宇治邮寄来的"雁金茶"，也就是日本玉露茶的茶梗。鲁迅很爱喝，有时还给不懂日本茶的中国读者讲解这种玉露茶梗的特点。

《喝茶》一文最明确地体现了鲁迅的饮茶观。他说道："有好茶喝，会喝好茶，是一种'清福'。不过要享这'清福'，首先就须有工夫，其次是练习出来的特别的感觉。"他还说，"喝好茶，是要用盖碗的，于是用盖碗，泡了之后，色清而味甘，微香而小苦，确是好茶叶。但这是须在静坐无为的时候的。"

鲁迅忙于写作，几乎没工夫享受喝好茶的"清福"，也没有花时间去历练品茶的"特别感觉"。《鲁迅日记》中写自己的饮茶，从未用过"品"字，绝不是鲁迅不知有"品茶"一说，只是他没有"品茶"的那种闲情逸致。所以，那"色清而味甘，微香而小苦"的好茶味道，"竟又不知不觉地滑过去，像喝着粗茶一样了。"鲁迅很理解"使用筋力的工人，在喉干欲裂的时候"，分不出龙井芽茶、珠兰窨片"和喝热水有什么大区别"的麻木。他说："感觉的细腻和锐敏，较之麻木，那当然算是进步的，然而以有助于生命的进化为限。如果不相干，甚而至于有碍，那就是进化中的病态，不久就要收梢。"在大文豪鲁迅看来，有工夫的人固然可以享受喝好茶的清福，但做一个"不识好茶"的俗客，也未尝不是一种活法。

郁达夫：饮茶感受生活美

郁达夫（1896—1945），浙江富阳人，原名郁文，字达夫，中国现代作家。1912年考入浙江大学预科，1913年赴日留学，1922年回国，1926年至1933年在上海主持文学团体"创造社"的出版工作，并参与左翼作家联盟的创建。抗日战争时期，积极参加抗日救国宣传活动，作品有《沉沦》《故都的秋》《春风沉醉的晚上》《过去》《迟桂花》等。1945年8月29日，在苏门答腊丛林遇害。1952年被追认为革命烈士。

富阳是著名茶乡。富春茶在明代被列为贡茶。富阳历来是产好茶的地方。生长在富春江畔茶乡的郁达夫对茶有他独特的爱好。他的作品离不开茶，他的日记也写到很多茶事。郁达夫居住过的地方，除了家乡富阳以外，还有北京、上海、杭州、福州、广州等地，他对各地不同的饮茶习惯十分了解，也有自己的亲身体验和与众不同的情趣。例如，他在《故都的秋》中这样描写在北京饮茶感受秋意的情景："在北平即使不出门去罢，就是在皇城人海之中，租人家一椽破屋来住着，早晨起来，泡一碗浓茶，向院子一坐，你也能看到很高很高的碧绿的天色，听得到青天下驯鸽的飞声。从槐树叶底，朝东细数着一丝一丝漏下来的日光，或在破壁腰中，静对着像喇叭似的牵牛花（朝荣）的蓝朵，自然而然地也能够感觉到十分的秋意。"喝着茶，慢慢寻找身边司空见惯的事物中不为人知的生活之美，这是郁达夫饮茶的情趣。

文人的饮茶情趣和茶人自有其不尽相同之处，郁达夫是文人，不是茶人，故他描写饮茶，笔端流露的是文人对自然和生活的情感。有时，这种情感是颇幽邃的。《半日的游程》中描写的是和同学胡君在杭州溪口山中某茶庄喝茶时的情景："我们一面喝着清茶，一面只在贪味这阴森得同太古似的山中的寂静……"二十几年前，曾在那里度过半年学生生活，今天故地重游，老友重逢，虽然风和日暖、清气飒爽，但坐在茶庄里，两人"只瞪目坐着，在看四周的山和脚下的水"，这"阴森得同太古似的"寂静触发了岁月无情的伤感。他写道："曾日月之几何，我这一个本在这些荒山野径里驰骋过的毛头小子，现在也竟垂垂老了。"

郁达夫不是茶人，故自称"俗客"。他在《饮食男女在福州》中评述福建的茶叶说："闽茶半出武夷，就是不是武夷之产，也往往借这山名为号召。铁罗汉、铁观音的两种，为茶中柳下惠，非红非绿，略带赭色；酒醉之后，喝它三杯两盏，头脑倒真能清醒一下。其他若龙团雪乳，大约名目总也不少，我不恋茶娇，终是俗客，深恐品评失当，贻笑大方在这里只好轻轻放过。"这段俗客的"品评"，文字虽然简略，但没有深厚的品茶功夫是作不出来的。

来上海以后，郁达夫和杭州美女王映霞坠入爱河，不能自拔。据《村居日记》记载，1927年1月15日晚，郁达夫邀请王映霞"至天韵楼游，人多不得畅玩，遂出至四马路豫丰泰酒馆痛饮。……王映霞女士，为我斟酒斟茶，我今晚快乐极了。"喝着王映霞斟的茶，惯于遐想的达夫先生究竟作何感想，不得而知。事实上，郁达夫和王映霞轰轰烈烈的爱情历程就是从这次"斟酒斟茶"开始的。

在上海的饮茶，郁达夫日记中俯拾皆是，无须赘述。但从"起火烧茶，对窗外的朝日，着实存了些感叹的心思"之类的记叙来看，他喝茶感受自然与生活之美的闲情逸致是一以贯之的，这是郁达夫饮茶情趣的特点。

喜欢通过饮茶感知自然之美和生活之美的郁达夫，当然不喜欢旧上海茶馆的那种嘈杂。1935年，他写了一篇《上海的茶楼》，所描绘的几乎都是旧上海茶馆的"副作用"，笔下流露着对茶楼阴暗面的厌恶。

秦瘦鸥：不附风雅的俗客

秦瘦鸥（1908—1993），上海嘉定人，原名秦浩。中国作家协会会员，新鸳鸯蝴蝶派代表人物。毕业于国立上海商学院（现上海财经大学）银行系。曾任《大美晚报》《大英夜报》《译报》编辑，上海大夏大学讲师，以及上海文化出版社编辑室主任，上海文艺出版社、上海辞书出版社编审等职，上海市文联委员。著有长篇小说《秋海棠》《危城记》《梅宝》《第十六桩离婚案》《孽海涛》《永夜》，散文集《晚霞集》《海棠室闲话》《戏迷自传》，评论集《小说纵横谈》，札记集《里读杂记》，短篇小说《恩、仇、善、恶》，短篇小说集《第三者》，译著《瀛台泣血记》《御香缥缈录》《茶花女》等。

《俗客谈茶》披露了秦瘦鸥对茶的心路历程。他原来是有喝茶习惯的，他说："我们家中有一把锡制的大茶壶，约摸可装三四磅水，每天早上，我妈妈抓把茶叶丢在壶里，提水一冲，于是一家几口就随时可以去倒出来喝。我玩得累了，口渴不堪，往往懒得找茶杯，干脆探头咬住壶嘴直接把茶吸出来，也不管什么妨碍清洁卫生。"可是，上小学时，同校的一名小学生据说因"惯于把未泡过的茶叶放在嘴里咀嚼"，得了"茶痨"，变得"面黄肌瘦，精神萎靡不振"。后来服用了名医开的药，吐出许多绿色的小虫。"此事是真是假，我至今没弄清楚，但在我的脑海深处，却已留下了不可磨灭的印象，到我成年后，不觉就养成了不喝茶的习惯。现在老了，也还是如此。"儿时的"茶痨"传说所造成的对茶的负面印象，竟让他此后的一辈子没有喝茶的习惯。1954年，秦瘦鸥在香港和同道朋友受到"高级的铁观音"的款待，有感于紫砂茶具的精美，于是，"我也郑重其事地缓缓喝下了两杯，却还像猪八戒吃人参果一样，除了觉得其味特别浓，并略带苦味外，仍然说不出什么妙处"。可见，秦先生几乎完全不懂茶，难怪只能自称"俗客"。对于英式下午茶，秦先生也一向没有什么好印象，"觉得茶具很多，很讲究，但没有多少东西可吃,近于'掼派头'。"

然而,晚年的秦先生却改变了自己对茶的负面印象。"如今大概因为年纪老了,食量锐减,对除咖啡、红茶外,只备几片吐司或饼干的下午茶倒也觉得很清淡,而素有暖胃消食作用的红茶也适合我的体质",于是开始在家里用英式下午茶招待来访的客人。他说:"我想一个俗人在生活上学得雅一些,也可算得是对精神文明的向往吧。"是啊,脱离生活实际的附庸风雅固然不应模仿,但对艺术生活的追求却是人类与生俱来的天性。

蒋星煜:饮茶论道的茶寿星

蒋星煜(1920—2015),江苏溧阳人,著名戏曲史研究家、散文作家。复旦大学肄业,曾任上海艺术研究所研究员,上海师范大学、华东师范大学兼职教授。蒋先生博古通今,数十年勤于笔耕,2013年由上海人民出版社出版的《蒋星煜文集》,共八卷,煌煌490万字,令人叹为观止。

烟酒茶是许多文人的三大嗜好,但蒋先生却对茶情有独钟。他说:"生平不爱烟酒,也不懂烟酒,对茶则爱之甚深。"蒋先生的家乡溧阳茶风较盛,他小时候经常随外祖父去茶馆喝茶,养成了喝茶的习惯。"茶,对我来说,确是一生中始终相伴的良友,在任何时期都不例外。"

蒋先生有他自己的饮茶习惯。他说:"我现在每天清晨泡一杯绿茶,饮三开。中午再泡一杯绿茶,也饮三开。茶叶都不多,第一选择是狮峰龙井,第二选择是西湖龙井,第三选择是开化龙顶或千岛湖银针。晚饭之后,不喝茶了。"良好的饮茶习惯,出乎意料地给"身体瘦小而单薄"的蒋先生带来了健康的"莫大益处",2010年,91岁的蒋先生入选"中国世博茶寿星",成为因茶而健康长寿的榜样。

蒋先生曾对人说过,他自己是"因为喜欢饮茶而'玩玩茶',无意跌进'茶人'的圈子。"但蒋先生对饮茶确有他独特的见解。他认为,喝茶有两种,一种是解渴性质,一种是休闲性质。休闲性质的喝茶近乎一种"手段",是为了达到"某一种境界"。而这"某一种境界","很难做具体的表述。应该说必定随人而异,而不是完全相同的。"他指出,

"休闲性质的喝茶,由于个人气质、秉性、文化素养的不同,茶的品种各异,茶具、用水、环境的不同,很可能各有其形式,乃至动作的差异,但都不是必须严格遵循的,都不是仪式,如果是必须遵循的仪式,那就违背了休闲的初衷,变成为难以容忍的桎梏。"这无疑是对"中国茶道"最为精当的诠解。

蒋先生对茶文化的研究也是值得称道的。《蒋星煜文集》中收录的论文《戏曲与茶文化的互动作用》,是他在茶文化研究方面的力作。2015年,出版社把他曾发表在各种报纸杂志上的"茶文"结集出版成《品茶的感悟》一书时,时年96岁高龄的蒋老先生给自己的"茶文"集写了一篇较长的后记,叙述了他饮茶的经历和茶文化研究的过程。

赵长天:新上海饮茶史的见证者

赵长天(1947—2013),浙江宁波人,著名作家。毕业于华东师范大学第一附中,1968年应征入伍,历任中国作家协会上海分会副主席、秘书长,上海文学发展基金会副会长,《萌芽》杂志主编,上海市文学艺术界联合会副主席,中国作家协会全国委员会委员,上海市写作学会会长,华东师范大学兼职教授等职。

赵长天的饮茶经历代表了与新中国共同成长起来的一代上海人的饮茶生活史。在《茶滋味》一文中,他说:"年轻的时候,既没有经济条件,也没有品茶的心情,似乎没有喝过茶。"确实如此,在20世纪70年代前,上海喝茶的年轻人还是比较少的。1968年,赵长天应征入伍,他说:"当兵以后开始喝茶,是在寒冷的高山顶上,用搪瓷茶缸,在火炉上把茶煮得酽酽的,驱赶严寒,也驱赶寂寞。至于喝的是什么茶叶,从来也不讲究。"

改革开放以后,中国取得了较大的发展,国民经济快速增长,人民的生活有了很大的改善。随着经济条件的改善,人到中年的赵长天的饮茶生活也发生了改变。"中年以后,才讲究起来。……主要是经济条件改善了,有了讲究的本钱。……再说,随着年龄增大,心静下来了,就有了品茶的闲情。"也就是说,步入中年以后,有钱又有闲的赵长天开始追求高品质的艺术化生活,饮茶不再是为了"驱赶严寒,也驱赶寂寞"等生理需要的实用性质,而成了表达一种"闲情"的休闲性质。于是,对茶叶也开始讲究起来了。

他说:"我基本只喝绿茶,偶尔喝喝乌龙茶和红茶。绿茶也局限在龙井、碧螺春、开化龙顶和虞山绿茶几种。……茶叶不一定要特级,但不能是陈茶。"和赵长天同时代的上海人应该还记得,直至20世纪80年代,上海人一般都喜欢喝龙井、碧螺春等绿茶,其次是红茶、花茶,乌龙茶的消费是90年代才开始逐渐增大的。根据自身的经济条件,茶叶不求顶级,但求其新,这也是当时上海饮茶人普遍的价值观。由此可见,赵长天对茶叶的偏好和同时代上海饮茶人是完全一致的。

赵长天还阐述了自己对"品茶"的认识。他认为,虽然把日常生活中的饮茶说成"品茶",不免"过于文质彬彬,甚至有些做作。但对于茶客,端起茶杯,一定是小口品茗,不会大口牛饮。"明确表示,懂得品茶的茶客,即使是日常生活的饮茶,也会"小口品茗",细细领略茶的滋味,享受茶的美感的。他说:"好茶的滋味,是一定要在唇齿间细细品味的,就像观赏艺术品,就像把玩古董,趣味的差别都在细微末节处。若是顶级极品名茶,被外行人用作解渴大口灌下,实在是穷奢极侈了。"对喝好茶而不会细细品味,穷奢极侈、暴殄天物的俗客进行了抨击。

品茶不仅是领略茶的滋味,还可以欣赏茶叶在水中的姿态。他说:"新茶,嫩嫩的茶叶尖子,在水中慢慢舒展开来,那翠绿的颜色,那沉浮飘逸的姿态,都会让人觉得面对着有灵性的活的生命。"为了欣赏茶叶沉浮飘逸的姿态,"很多人喜欢用装咖啡或酱菜的玻璃瓶子当茶杯",相信有过同样经历和记忆的上海饮茶人并非少数。

(撰稿者: 曹建南)

第二章

茶学初探

中国茶从茶树起源到茶叶栽培再到茶叶加工及茶的品饮，已有数千年的历史。在漫长的茶业发展中，茶树从巴蜀一带向中原及北部扩张，最终发展成北纬18°～38°、东经92°～122°之间的20个省（市、直辖区）遍种茶树。

而茶叶，从一片被先人放入唇齿间咀嚼的树叶，到如今五颜六色在杯中翩然起舞的茶叶，它陪伴炎黄子孙走过了数千年。炎黄子孙的智慧，也让一片绿色的叶子，通过工艺的演变与创新，呈现出了杯中的千姿百态。

中 国 茶 区

中国不仅是茶树的原产地，同时也是世界上最早发现茶树、利用茶树，以及输出茶叶到世界各地的国家。

四大茶区

中国茶叶产区辽阔，从一千多年前茶圣陆羽在《茶经》中将全国分为九个茶区以至如今的四大产区，分布在北纬18°～38°、东经94°～122°的广阔范围内，包括浙江、江苏、安徽、江西、山东、湖南、湖北、广西、广东、福建、海南、四川、贵州、云南、陕西、河南、甘肃、西藏、河北等省、市、自治区和台湾地区，形成了六大基本茶类：绿茶、白茶、黄茶、青茶、红茶和黑茶，以及众多的茶制品。

1. 江南茶区

位于中国长江中、下游南部，包括浙江、湖南、江西等省和皖南、苏南、鄂南等地区，是中国茶叶最主要的产区，占中国茶叶产量的2/3。该区域适合多种茶类种植，有各种茶叶品类加工的历史沉淀，名茶品种丰富。茶园主要分布在丘陵地带，少数在海拔较高的山区。这些地区气候四季分明，年平均气温为15～18℃，冬季气温一般在-8℃。年降水量1 400～1 600毫米，春夏季雨水最多，占全年降水量的60%～80%，秋季干旱。茶区土壤主要为红壤,部分为黄壤或棕壤,少数为冲积壤。该茶区种植的茶树大多为灌木型中叶种和小叶种,以及少部分小乔木型中叶种和大叶种。该茶区是发展绿茶、红茶、花茶、名特茶的适宜区域。中国十大名茶诸如西湖龙井、黄山毛峰、洞庭碧螺春、君山银针、祁门红茶等产自于此区域。

2. 江北茶区

位于长江中、下游北岸,包括河南、陕西、甘肃、山东等省和皖北、苏北、鄂北等地区,纬度最北,主产绿茶。茶区年平均气温为 $15\sim16\,^\circ\text{C}$,冬季绝对最低气温一般为 $-10\,^\circ\text{C}$ 左右。年降水量较少,为 $700\sim1\,000$ 毫米,且分布不匀,常使茶树受旱。该区地形较复杂,茶区多为黄棕土,这类土壤常出现粘盘层;部分茶区为棕壤;不少茶区酸碱度略偏高。茶树大多为灌木型中叶种和小叶种。该区域的少数山区有良好的微域气候,故茶的质量亦不亚于其他茶区,如十大名茶中的六安瓜片、信阳毛尖。除此之外,还有茶多酚含量较高的著名品种,如紫阳毛尖、崂山绿茶、日照绿茶、泰山绿茶。

3. 西南茶区

位于中国西南部,包括云南、贵州、四川三省以及西藏东南部,系中国最古老的茶区。该区域地形复杂,大部分地区为盆地、高原,土壤类型多,有些同纬度地区海拔高低悬殊,气候差别很大,大部分地区均属亚热带季风气候,冬不寒冷,夏不炎热。土壤状况也较为适合茶树生长。在滇中北多为赤红壤、山地红壤和棕壤;在川、黔及藏东南则以黄壤为主。该区域栽培茶树的种类也多,有灌木型和小乔木型茶树,部分地区还有乔木型茶树。品种资源丰富,生产红茶、绿茶、沱茶、紧压茶和普洱茶等,是中国发展大叶种红碎茶的主要基地之一。

4. 华南茶区

位于中国南部,包括广东、广西、福建、台湾、海南等省,是最适宜茶树生长的茶区。该区域不仅有着优质的茶叶品类,而且茶叶消费、行为习惯,茶文化及相关习俗最为丰富。除闽北、粤北和桂北等少数地区外,年平均气温为19～22℃,最低月平均气温为7～14℃,茶树年生长期10个月以上,年降水量是中国茶区之最,一般为1 200～2 000毫米,其中台湾地区雨量特别充沛,年降水量常超过2 000毫米。茶区土壤以砖红壤为主,部分地区也有红壤和黄壤分布,土层深厚,有机质含量丰富。该区域有乔木、小乔木、灌木等各种类型的茶树品种,茶资源极为丰富,生产红茶、乌龙茶、花茶、白茶和六堡茶等,所产大叶种红碎茶,茶汤浓度较高。

神秘的北纬30°

北纬30°,主要是指北纬30°上下波动5°所覆盖的范围,是根据科学规律人为划分出来,以赤道为0°,分别向南、北半球划分为5°、10°、20°、30°、60°……不同的纬度线区域,太阳辐射到地球的纬度不同,温度和热量也不同。太阳的辐射光能是维持地球表面温度,促进地球上降水、大气和土壤、生物活动变化的主要动力。

詹姆士·伯斯特在《神秘的北纬30度》一书中,将北纬30°描述成一条流淌在地球表面的血管,那些沿途的风光和那一条条壮美的河流是地球生命的律动,诞生古老的文明,拥有丰富的物种,除了欣赏,就是敬畏大自然的神奇,更让人陶醉。

如果打开中国地图或从地球仪上看,不难看出:我国绿茶的主要产区,特别是名优绿茶产区大部分分布在北纬30°附近。北纬30°是茶树生长的"黄金线",这是有科学依据的。从茶树生物学特性来看,它对外界自然环境有一定的要求,种茶地区可分最适宜区、次适宜区和不适宜区,对绿茶来讲,北纬27°～30°地带的气温、光照、相对湿度、降雨量等条件,属最佳适宜区。

茶树是多年生、木本常绿经济作物,除了在茶叶"抽芽吐叶"生长季节对阳光、热、水、汽有严格要求外,其对生长立地条件,特别是土壤有一定的要求:微酸性,土层较深厚、肥沃的黄泥土、白沙土、黄筋泥最适宜种植。

从我国北纬30°"黄金线"上最东部的舟山群岛,是我国四大佛教圣地之一的普陀山。那里出产的"普陀佛茶"(北纬30°02′、东经

122°22′）非常有名，到我国最西部的茶园——西藏林芝地区易贡茶场（北纬30°19′，东经94°52′）所产品质甚优的"珠峰圣茶"，跨越浙江、江苏、安徽、江西、湖北、重庆、四川和西藏地区，达3 000千米，在这条神奇的窄长带上，孕育了我国诸多优秀的茶品。

唐代陆羽《茶经》记载："浙东，以越州上，余姚县生瀑布泉岭，曰仙茗。"这说明浙江宁波、余姚一带茶叶在唐代就有名了，宁波"东海龙舌"、宁海"望海茶"、余姚"瀑布仙茗"、绍兴"平水珠茶"、新昌"大佛龙井"、嵊州"越乡龙井"、上虞"觉农舜毫"、诸暨"西施银芽"等久盛不衰，这些名优茶都处在北纬30°"黄金线"上。在浙江，"西湖龙井"早已就是中外驰名了。"西湖龙井"茶区就坐落在北纬30°04′～30°20′的正中"黄金线"上，又有钱塘江和美丽的西子湖湿润水汽吹入，一江一湖，四周群山环抱，形成独特的小气候，加上独特的手制工艺，"西湖龙井"成为闻名中外的历史名茶。在"西湖龙井"茶区的周边，有余杭"径山茶"、富阳"鹳山龙井"、临安"天目青顶"、桐庐"雪水云绿"、建德"苞茶"、淳安"千岛玉叶"，稍偏北的有安吉"安吉白茶"、德清"莫干黄芽"、长兴"顾渚紫笋"等茶品，或为千年贡茶，或是名茶新秀，品质优异。浙西的千岛湖地处北纬29°13′～29°50′，这里山峦起伏、群山连绵，是我国内外销茶的"金三角"地带、"淳绿"的主产地，这里有开化"开化龙顶"、江山"江山绿牡丹"、龙游"方山茶"，偏西南方向有松阳遂昌"松阳银猴"、景宁"惠明茶"、泰顺"三杯香"，浙东南有"临海蟠毫""羊岩勾青"、永嘉"乌牛早"、平阳"平阳黄汤"等，优越的地理位置造就了浙江地区"县县有名优茶，山山出好茶"的特点。

江苏太湖是中国五大淡水湖之一，位于北纬30°56′～31°32′，周边气候宜人，苏州"洞庭碧螺春"、宜兴"阳羡茶"、无锡"无锡毫茶""太湖翠竹"都是响当当的名优茶。向北还有溧阳"白茶"、金坛"雀舌""茅山青峰"、南京"雨花茶"等，皆是名优绿茶中的佼佼者。

安徽黄山地处北纬30°10′～30°30′，为中国名山。黄山地区由于山高、土质好、温暖湿润，"晴时早晚遍地雾，阴雨成天满山云"，云雾缥缈，很适合茶树生长，产茶历史悠久。"黄山毛峰""太平猴魁""祁门红茶"与西湖龙井在同一纬度线上。黄山附近的青阳县"九华佛茶"、歙县"顶谷大方""珠兰花茶"、泾县"涌溪火青""汀溪兰香"、宁国"黄花云尖"、宣州"敬亭绿雪""塔泉云雾"、绩溪"金山时雨"、休宁"松萝茶"以及北边大别山区的"天柱剑毫""岳西翠兰""舒城兰花""金寨翠眉""六安瓜片""霍山黄芽",品种众多,独具特色,声名鹊起,品质优越,都是非常著名的绿茶、红茶、黄茶和花茶。

江西九江庐山,地处北纬29°36′,屹立在长江之南,是我国历史名山,山下是鄱阳湖。据《庐山志》载:"东汉时(25—220),佛教传入我国,当时梵宫寺院多至300余座,僧侣云集。攀危岩,冒飞泉,更采野茶以充饥渴。各寺亦于白云深处劈岩削谷,栽种茶树者焙制茶叶,名云雾茶。""庐山云雾茶"盛名于宋代,宋时就为贡茶。与"庐山云雾茶"同纬度的还有历史名茶产区婺源,"大鄣山云雾茶""婺源茗眉"就是婺绿名茶之珍品。

湖北是我国的产茶大省,有许多名优绿茶。如位于北纬30°27′英山的"英山云雾茶",位于北纬30°16′有着"绿色宝库"之称的神农架林区的"神农奇峰",位于北纬30°32′宜昌的"峡州碧峰""邓村绿茶""金香品雪茶",位于北纬30°20′世界硒都恩施的"恩施玉露"及鹤峰的"容美茶"。

陆羽《茶经》:"茶者,南方之嘉木也,其巴山峡川,有两人合抱者。""巴山银毫"就产于邻近神农架林区的重庆峡江一带,重庆还有地处北纬30°"黄金线"上的万州"太白银针"、奉节"香山贡茶"、永川"秀芽茶",都是品质优异的名茶。

"蒙顶山上茶,扬子江中水。"蒙顶山在我国西部古老茶区,地处北纬30°正中,"蒙顶甘露""蒙顶石花""蒙顶黄芽",历史上就名传天下。此外,四川成都附近的名优绿茶,如乐山北纬(29°26′)的"沫若香茗",峨眉山的"竹叶青""峨眉峨蕊""仙芝竹尖",邛崃(北纬30°16′)的"文君绿茶""花秋御竹",这些茶区均处于北纬30°附近。

绿茶金三角

中国是世界第一产茶大国,是一个主产绿茶的国家。我国绿茶生产区域辽阔,有21个省市自治区产绿茶。其中浙江、安徽、江西、四川、湖北、湖南、福建、江苏、广西、重庆、贵州、河南、陕西是绿茶主产区，浙江、安徽、江西三省绿茶产量占全国的三分之一。2008年中国国际茶文化研究会与浙江开化、安徽休宁、江西婺源三县共同开展了"推出绿茶金三角，共享高山生态茶"活动，以浙、皖、赣三省交界的盛产优质绿茶的三角形地域即"绿茶金三角"作为抓手，进行重点宣传与推介，最终目的是推进中国绿茶产业的进一步发展，有助于引导人们更多地消费高品质绿茶，增进人体健康。

最早称这一地区为"中国绿茶金三角"的是英国著名的有机茶专家唐米尼先生（Joe Danmenia）。2003年唐米尼来到中国皖、浙、赣三省交界的产茶山区考察，对当地的生态环境及茶叶品质称赞有加，回国后就向世界宣布了中国"绿茶金三角"的称号。2004年世界卫生组织的营养专家向消费者推荐的六种最有利于人体健康的饮料是绿茶、红葡萄酒、酸奶、豆浆、骨头汤和蘑菇汤，绿茶被排在第一位。

"绿茶金三角"说的是浙江、江西、安徽三省交界的茶区，可分为三个层次：小三角、中三角和大三角。小三角是"绿茶金三角核心区"，包括安徽的休宁、江西的婺源、浙江的开化及其周边地带。中三角是通俗意义上的"绿茶金三角"，是传统出口绿茶品质最优秀的屯绿、婺绿、遂绿的主产地。包括安徽黄山地区、江西的上饶地区和景德镇、浙江的衢州地区和淳安、建德一带。大三角是"绿茶金三角"的外延地域，可称为"泛绿茶金三角"。是指浙皖赣三省，北纬28°～32°线范围内盛产优质绿茶的大三角区域。包括浙江大部、江西的东北部、安徽皖南及皖北沿江部分地区。

"绿茶金三角"地处中纬度地带，属北亚热带季风气候，热量充裕，雨量充沛，四季温差小，昼夜温差大。森林覆盖率超过78%，海拔千米以上的山峰100多座，是优质高山生态茶的主产地，种茶的历史超过1 200年。唐代陆羽《茶经·八之出》就记载："歙州（茶）生婺源山谷。"开化地处钱塘江源头，"龙顶茶"经朱元璋赐名后，明代就成为著名的贡茶。休宁早在唐代就盛产茶叶，是歙州茶的主产地之一，明代创制的休宁松萝茶成为卷曲形炒青绿茶的鼻祖。西湖龙井、黄山毛峰、开化龙顶、婺源茗眉、休宁松萝茶、太平猴魁、庐山云雾等100多个名优绿茶高度集中产于这个区域。

基本茶类加工

　　中国的制茶历史悠久,经历了从生煮羹饮到饼茶、散茶,从绿茶到多茶类,从手工制茶到机械制茶的发展过程。各种茶类的品质特征形成,除了茶树品种和鲜叶原料的影响外,加工条件和加工方法起到了重要的作用。

绿茶"清汤绿叶"

　　绿茶是我国生产的主要茶类之一,历史悠久、产区广、产量多、品质好、销区稳,是六大茶类中名优茶最多的一类。目前,我国已成为全球最大的绿茶生产、消费和出口国。

　　绿茶的产区分布很广,北到山东、陕西、甘肃,南至海南,东至浙江普陀,西至西藏林芝,几乎贯穿了大半个中国。代表名茶有浙江的西湖龙井,江苏的碧螺春,河南的信阳毛尖,江西的庐山云雾,安徽的黄山毛峰、太平猴魁、六安瓜片,贵州的都匀毛尖,四川的蒙顶甘露、峨眉竹叶青,广西的凌云白毫,广东的古劳茶,云南的滇青毛茶,湖南的古丈毛尖,湖北的恩施玉露,山东的崂山云雾,海南的白沙绿茶,西藏的珠峰圣茶,等等。

　　绿茶是一种利用高温杀青破坏鲜叶中酶的活性,经做形(或揉捻)

关键工艺:杀青

和干燥而成的,具有"清汤绿叶"品质特征的茶叶。根据干燥和杀青方式的不同,绿茶可分为烘青绿茶、炒青绿茶、蒸青绿茶和晒青绿茶四类。用滚筒或锅炒干的绿茶称为炒青绿茶,用烘焙方式干燥的称为烘青绿茶,利用日光晒干的称为晒青绿茶,经蒸汽杀青加工而成的称为蒸青绿茶。除此之外，还有半烘炒绿茶和半蒸炒绿茶等。

绿茶基本加工工艺如下：鲜叶、摊放、杀青、揉捻、干燥，其核心工艺为"杀青"。杀青的目的一是利用高温迅速破坏鲜叶中酶的活性，制止多酚类化合物的酶促氧化，使加工叶保持色泽绿翠；二是利用高温促使低沸点芳香物质挥发，散发青草气，发展茶香；三是加速鲜叶中化学成分水解和热裂解，为绿茶品质形成奠定基础；四是蒸发一部分水分，使叶质变柔软，增加韧性，便于揉捻成型。高温杀青的主要标志是迅速使叶温达到80℃以上，杀青阶段，随着温度的上升，游离氨基酸含量会短暂增加，低沸点的青草气物质挥发，新的芳香类物质形成。柔韧的杀青叶在力的作用下，便于果胶物质的浸出，增加了茶汤的厚度。

绿茶中鲜爽度的呈味因子主要是氨基酸；浓度的呈味因子主要是茶多酚；醇度与茶汤中茶多酚与氨基酸的比值密切相关。

绿茶的种类很多，但品质优良的绿茶其品质特征是干茶色泽翠绿或黄绿，冲泡后清汤绿叶，具有清香或熟栗香等，滋味鲜醇爽口，浓而不涩，不同种类的绿茶具有各自的品质特征。

萎凋烘焙出白茶

白茶是我国的特种茶之一，发源于中国福建，主要产于福建福鼎、政和、建阳、松溪等地。其制法独特，不炒不揉，属微发酵茶类，产品分为白毫银针、白牡丹、贡眉和寿眉四类。现滇陕桂川等地也在试制白茶。

关键工艺：萎凋

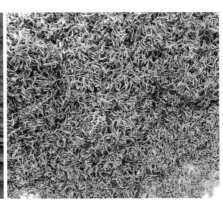

萎凋叶

49

白茶的加工只有萎凋和烘焙两道工序。目前白茶加工的基本加工工艺有两种:一是全萎凋,即全程自然萎凋至干燥,又称"全阴干";二是半萎凋,由萎凋和烘焙两道工序组成,又称"半阴干"。

萎凋是白茶加工的关键工序,其目的是通过长时间的萎凋,以蒸发鲜叶水分,提高细胞膜透性和酶活性,促使叶内含物发生缓慢的水解和氧化作用,挥发青臭气,发展茶香,逐步形成白茶滋味,鲜爽微甜,毫香显露的特有品质风格。

白茶是因外表披满银白色的茸毫而得名。要求鲜叶"三白",即嫩芽和两片嫩叶满披白色茸毛。新茶以有毫香、花果香为好,老茶以枣香、药香为好,新茶汤色橙黄或浅杏黄、明亮清澈,滋味清甜醇爽;老茶汤色红褐明亮,滋味醇厚甘甜。

"黄汤黄叶"是黄茶

黄茶是所有茶类中最小的一类,是中国特有茶类,由绿茶演变而来,属于轻发酵茶,主要产于四川、安徽、湖南、湖北、浙江、广东等地。

按鲜叶原料的嫩度,黄茶又分为黄芽茶、黄小茶和黄大茶。黄芽茶有湖南的君山银针、四川的蒙顶黄芽、浙江的莫干黄芽等;黄小茶有安徽的霍山黄芽,湖南的沩山毛尖、北港毛尖,浙江的平阳黄汤,湖北的远安鹿苑茶等;黄大茶有安徽的皖西黄大茶、广东的广东大叶青等。

黄茶典型加工工艺为鲜叶、杀青、揉捻、闷黄、干燥。黄茶之所以有

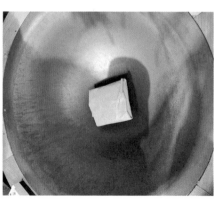

关键工艺:闷黄

闷黄叶

别于其他茶类,关键在于其加工过程中有个特殊的"闷黄"工序,形成了黄茶"黄汤黄叶"的品质特征。在闷黄过程中,将杀青叶趁热堆积,使在制品在温热条件下发生热化学变化,最终使叶子均匀变黄。闷黄的热化作用包括两个方面:一是湿热作用,主要是引起叶内成分发生一系列氧化、水解作用,产生黄色物质,使产品干茶、茶汤和叶底表现出黄或黄褐的色泽特征,以及甘醇的滋味品质;二是干热作用,以发展黄茶的香味。

不同的黄茶产品由于其原料、加工工艺过程及参数控制不同,其主要的化学成分也不同,并具有不同的感官品质特征。闷黄过程适度,茶叶会发出浓郁香气,青草气味消失,茶香显露,叶色转黄绿而有光泽,同时多酚类物质通过水解和自动氧化,减少了苦涩味的成分,使黄茶呈现出黄叶黄汤、香气清悦、醇厚鲜爽的品质特点。

青茶亦称乌龙茶

青茶也称乌龙茶,属半发酵茶,是我国特有的一类茶叶,产品种类繁多,风格各异。乌龙茶独特的品质特征是特定生态环境、茶树品种和采制技术综合作用的结果,产地主要分布在中国的福建、广东及台湾地区。根据产地不同,通常将乌龙茶划分为四类:闽北乌龙茶、闽南乌龙茶、广东乌龙茶和台湾乌龙茶。

福建省是乌龙茶的发源地和最大产区,生产历史悠久,所产的乌龙茶按地域划分为闽北乌龙茶和闽南乌龙茶两大类,其代表性产品分别为武夷岩茶和安溪铁观音,茶区主要分布在武夷山脉、戴云山脉和博平岭三大山脉。武夷山脉是闽北乌龙传统主产区,戴云山脉

关键工艺:做青

是以安溪铁观音和永春佛手茶为代表的传统主产区，博平岭是漳平水仙、平和白芽奇兰和诏安八仙茶等的传统主产区。

广东乌龙茶主产地域在潮州市的潮安区和饶平县，揭阳市的普宁。除此之外，揭西梅州地区的梅县和大埔，粤北地区的英德市，粤西地区的罗定市和廉江市等地区也有生产。广东乌龙茶的主要产品有凤凰单丛、凤凰水仙、岭头单丛、乌龙、大叶奇兰等，其中以凤凰单丛和岭头单丛最为著名。

台湾乌龙茶源于福建，后经发展又有别于福建乌龙茶。依据发酵程度和工艺流程，可将台湾乌龙茶划分为：轻发酵的条形包种茶（如文山包种茶）和半球形包种茶（如冻顶乌龙、高山乌龙）；重发酵的乌龙茶（如白毫乌龙、东方美人茶）；传统传承的铁观音茶（如木栅铁观音），其中以台北坪林文山包种茶和木栅铁观音、南投冻顶乌龙、新竹和苗栗的东方美人以及南投和嘉义的高山乌龙等最为著名。

乌龙茶属半发酵茶，发酵程度介于红茶和绿茶之间。按加工工艺可分为三种类型，第一种为闽北与广东乌龙茶，第二种为闽南浓香型乌龙茶，第三种为台湾包种茶和闽南清香型乌龙茶，其初制工艺总体基本一致：鲜叶、萎凋、做青、炒青、揉捻（或包揉）、烘焙。

乌龙茶品质特征的形成是鲜叶与精湛加工工艺有机结合的结果。鲜叶是形成乌龙茶品质的坚实物质基础，萎凋是乌龙茶色、香、味形成的前提，做青是浓、醇、鲜、香物质形成的基础，是乌龙茶特有的关键工序。

做青的全过程由摇青和静置（或凉青）交替进行组成。原理是在适宜的温湿度条件下，通过多次摇青使茶青叶片不断受到震动、摩擦和碰撞，促使叶缘细胞逐步损伤并均匀地加深，由此诱发的酶促氧化作用逐步进行，其氧化产物茶黄素、茶红素、茶褐素及其他内含成分的转化产物随做青的进程不断在叶内积累，从而形成"红边"的外观特征。而在静置凉青的过程中，萎蔫的叶片逐渐恢复紧张状态的现象，俗称"还阳"。"还阳"过程中，梗脉中水分和可溶物质向叶肉细胞的输送现象，俗称"走水"，同时散发出自然的花果香。随后由于叶片水分蒸发速度大于梗的水分往叶片的输送速度，叶片再次萎软下来，俗称"退青"。这时萎凋叶即可再次进入做青工序。如此反复交替进行"还阳"与"退青"，从而完成做青叶的"走水"过程。

做青过程中，"走水""还阳"适度，叶绿素和脱镁叶绿素部分降解，少量的多酚氧化物的生成，便有了"红点明显，砂绿油润"的颜色。茶汤颜色以茶黄素为主、茶红素和花黄素为辅，便会呈现金黄或橙黄明亮的汤色。乌龙茶加工中芳香物质增加了500余种，清香型的乌龙茶具有花香味，以兰香最好；浓香型的乌龙茶多具有果香味。适度的发酵使叶内多酚和多酚氧化物、可溶性糖、氨基酸、咖啡碱的配比合理，丰富了可溶性物质，从而形成了乌龙茶干茶砂绿油润、汤色金黄或橙黄明亮、香气浓郁有花香或果香、滋味浓醇爽口、耐冲泡的品质特征。

一杯红茶红透世界

红茶是世界最流行的茶叶品类，融合性最好。中国是世界红茶的发源地，种类多，产地分布广，有小种红茶、工夫红茶（红条茶）、红碎茶等。

16世纪末，福建武夷山发明了小种红茶，并在1610年首次出口，从此风

关键工艺：发酵

靡欧洲诸国。18世纪中叶，我国在小种红茶生产的基础上，创制了加工工艺更为精湛的工夫红茶，使红茶生产和贸易在世界上独领风骚，达到了前所未有的鼎盛时期。

安徽的"祁红"历史悠久、品质超群，"池红"品质优良；湖南的"湘红"产区广阔；福建的"闽红"，因产区品种不同、品质互异，有"坦洋工夫""白琳工夫""政和工夫"之分；湖北的"宜红"；江西的"浮红"和"宁红"；云南的"滇红"；台湾的"日月潭红茶"均有悠久的历史。20世纪，红碎茶逐渐取代了工夫红茶，我国根据市场需要，在云南、广东、湖南、湖北、江苏等地建立了红碎茶加工基地。近几年，随着武夷山金骏眉的成功，推动了国内外消费者对高档红茶的需求。

不同种类的红茶，由于对外形和内质的要求不同，工艺技术的掌握

各有侧重点，但基本工序相同，即鲜叶、萎凋、揉捻（切）、发酵和干燥。

红茶作为全发酵茶，关键工艺就是"发酵"。红茶发酵的实质是鲜叶细胞的半透性液泡膜受损伤，多酚类化合物得以与内源氧化酶类接触，引起多酚类化合物的酶促氧化聚合作用，形成茶黄素、茶红素、茶褐素等有色物质。同时发生的一系列内含物质的化学反应，形成了红茶特有的香味物质。

红茶发酵所产生的茶黄素决定了红茶茶汤亮度和浓度，与咖啡碱结合增强茶汤的浓度和鲜爽度；茶红素形成了汤味浓度和色度；糖类物质和水溶性果胶增进了茶汤尝试和甜醇的滋味。从而形成了红茶特有的红汤、红叶、味甘醇的品质特征。

最具特色的黑茶

黑茶是中国最具特色、特有的茶类之一，是加工过程中有微生物参与品质形成的真正意义上的发酵茶，属后发酵茶。

黑茶历史悠久，早期的蒸青团饼绿茶由于长时间的烘焙干燥和长时间的非完全密封运输贮存，湿热氧化作用导致绿茶由绿色变褐色，成为黑茶的原始雏形。五代毛文锡《茶谱》以及北宋熙宁年间都有茶品的特征描述：明嘉靖年间，湖南安化采用绿茶堆积渥堆，松材明火干燥法制作，使干茶色泽变黑变褐，故名"黑茶"。这是"黑茶"最早的定名。

关键工艺：渥堆

由于历史原因，我国的黑茶产区目前主要集中在湖南、云南、湖北、四川、广西、陕西等地，因各地的原料特征各异，或因长期积累的加工习惯等差异，形成了各自独特的产品形式和品质特征。现有的主要花色品种有普洱茶、茯砖、黑砖、花砖、千两茶、天尖、贡尖、生尖、青砖、六堡茶、康砖、金尖等，产品形式有紧压砖、紧压篓装、紧压沱饼和紧压柱形。黑茶加工、包装方法大多沿袭历史，是六大茶类中传承和保留历史最为完好的一大茶类。

我国黑茶种类很多，加工技术不尽相同，品质不一，但存在共同的加工工序——渥堆。有的采用湿坯渥堆做色的黑茶，包括篓包形的天尖、贡尖和生尖，砖形的黑砖、花砖和茯砖；有的采用干坯堆积做色的黑茶，包括散形的老青茶、散装六堡茶，饼形的七子饼茶，心形的紧压茶，篓包形的六堡茶等；有的采用成茶堆积变色的黑茶，包括砖形的康砖、青砖茶，枕头形的金尖，篓包形的方包等，代表茶品有云南的普洱茶、湖南的安化黑茶、广西壮族自治区的六堡茶、四川的雅安边茶、陕西的泾阳茯茶。

黑茶加工分鲜叶、杀青、揉捻、渥堆、干燥等工序，其中渥堆是黑茶品质形成的关键工序。渥堆的目的是使多酚类化合物氧化，除去部分涩味和粗老味；使叶色由暗绿或暗绿泛黄转为黄褐。渥堆过程中，在微生物的作用下，多酚类物质一系列的变化塑造了黑茶醇和的滋味品质特征；咖啡碱与多酚类氧化物的中和，构成了茶汤的浓度；可溶性糖含量先降后升，使得成茶品质甘滑；水溶性果胶的增加，提升了茶汤的黏稠度。从而形成黑茶香气纯正、汤色深橙黄带红、滋味醇厚而甘甜的品质。

茶 味 密 码

茶叶在不同的加工过程中，内含物发生不同的变化，形成了各具特色的六大茶类。由于不同的茶叶鲜叶内含物存在着差异性，也就有了风味因子的形成。

茶叶中的主要物质

在茶的鲜叶中，水分和干物质是两大成分。其中水分约占75%，干物质约占25%。因此，理论上制500克干茶需要2000克鲜叶。茶叶中有机化合物和无机化合物的基本元素有30多种，主要为碳、氢、氧、磷、钾、硫、钙、镁、铁、铜、铝、锰、硼、锌、钼、铅、氯、硅、钠、钴等。有机化合物的含量占干物质的93%～96.5%，无机化合物的含量占干物质的3.5%～7%。有机化合物分为初级代谢产物和二级代谢产物，蛋白质、糖类、脂肪是茶树的初级代谢产物，也是构成生命体的三大组成物质；二级代谢产物是在初级代谢产物基础上形成的化合物，主要包括多酚类、色素、氨基酸、生物碱、芳香类物质、皂苷等；无机物质分为水溶性部分（2%～4%），水不溶性部分（1.5%～3%）。

1. 多酚类物质

或称茶多酚，俗称茶单宁、茶鞣质，是茶叶中各种酚类物质的总称。其含量因茶树品种、季节、鲜叶老嫩等不同而有很大差异，含量低者不到20%，高者可达40%，茶叶的茶多酚含量是生物界最高的，是茶叶的辨识性物质。多酚类分为四类：儿茶素类、黄酮及黄酮酸类、花白素及花青素类、酚酸及缩酚酸类。

儿茶素约占多酚类物质总量的75%，茶的涩味和茶垢就源于此。儿茶素分为游离型和酯型，复杂的酯型儿茶素具有强烈收敛性，苦涩味较重；而简单的游离型儿茶素收敛性较弱，味醇或不苦涩。

黄酮类（花黄素类）占茶多酚总量的10%以上，分为黄酮和黄酮醇，花黄素易溶于水，与茶汤中的黄色有关，绿茶汤色的黄色主要是花黄素的颜色，与茶黄素无关。

酚酸和缩酚酸类占茶多酚总量的10%，为易溶于水的芳香类化合物，是我们品茶时通过口腔感觉到的香气的主要化合物。

花青素类含量较少，分为花青素和花白素。一般茶叶中的花青素很少，占干物质的0.01%左右，幼嫩的芽叶含量多，随着芽叶的成长，又会转化为儿茶素和黄酮醇，所以叶片成熟后花青素含量就会减少。茶树遇到强光、干旱或缺磷等异常条件下形成紫芽，而紫芽中花青素可达0.5%～1.0%，达到50～100倍。花白素也称为隐性花青素，本身无色，在温热等条件下可以转化为花青素。花青素在不同的酸碱环境下，也表现不同的颜色（pH酸碱度越小，茶汤越红，pH酸碱度越大，茶汤越紫，甚至接近蓝色。所以泡紫娟茶时，可以看到水的酸碱度）。花青素有明显的辛辣和苦涩的味道，对茶叶品质影响很大。

2. 咖啡碱

茶叶中生物碱有咖啡碱、茶叶碱和可可碱。咖啡碱的含量较高，占干物质的2%～5%，其他两种含量很少。因此，茶叶生物碱的测定常以咖啡碱为代表，它也是茶叶的特征性物质。

咖啡碱是含氮物质，化学性质稳定，在茶叶的嫩梢部分含量较多。从咖啡碱的含量来看，嫩叶比老叶多，夏茶比春茶和秋茶多，施肥茶园比不施肥的茶园多，大叶种比小叶种多。咖啡碱是茶汤滋味的显味物质，无嗅，有苦味，但与茶多酚及氧化产物形成络合物后，能减轻这些物质的苦涩味，并形成一种具有鲜爽滋味的物质。咖啡碱化学性质稳定，易溶于80℃以上的热水中，当热至120℃以上时，咖啡碱会升华。

3. 氨基酸、蛋白质和酶

氨基酸和蛋白质都是茶树氮代谢的产物，鲜叶中的蛋白质含量占干物质的20%～30%。绝大部分蛋白质不溶于水，能溶于水的只占1%～2%，这部分水溶性的蛋白质增进了茶汤的滋味、浓度。蛋白质是茶树的三大营养物质之一，而蛋白质主要是由氨基酸构成。

目前茶叶鲜叶中已发现的氨基酸有26种，20种蛋白质氨基酸和6种非蛋白质氨基酸，占干物质的1%～2%。其中主要的是茶氨酸、谷氨酸、天门冬氨酸和精氨酸。各种氨基酸具有特定的滋味，如甜味、咸味、酸味、苦味和鲜味，是茶叶中重要的滋味物质，部分氨基酸还表现出一定的良好香气，如腥甜、海苔味、鲜甜、紫菜气味等。茶氨酸是一种非蛋白质氨基酸，占鲜叶中氨基酸总量的50%。茶氨酸易溶于水，在茶汤中，茶氨酸的浸出率可达80%，具有焦糖的香味和类似味精的鲜爽味。

酶是茶树组织内具有高效和专一催化能力的特殊蛋白质。茶叶中的多酚氧化酶属于氧化还原酶类，多酚类物质就是在多酚氧化酶的作用下形成茶黄素、茶红素等物质，也是根据氧化方式和程度的不同将茶类分为六大基本茶类。因此，这些酶的数量和活性与茶叶品质的关系极为密切。

4. 色素

色素是一类存在于茶树鲜叶和成品茶中的有色物质,是构成茶叶外形、汤色、叶底色泽的成分。有的在鲜叶中已经存在,有的则是加工过程中氧化缩合而成。

色素包括脂溶性色素和水溶性色素两类。叶绿素、叶黄素和类胡萝卜素不溶于水,属于脂溶性色素,主要表现为干茶的颜色和叶底的色泽;黄酮类物质、花青素和儿茶素的氧化物能溶于水,属于水溶性色素,主要构成茶汤的颜色及干茶颜色的组成。

5. 碳水化合物

茶树鲜叶中的碳水化合物又称糖类,是植物光合作用的初级产物,主要有单糖、双糖和多糖,占干物质的20%～30%。单糖和双糖易溶于水,具有甜味,是茶叶滋味物质之一。单糖还参与茶叶香气的形成,在热作用下与氨基酸发生"美拉德"反应而转化为香气物质。比如板栗香、甜香、锅巴香等。多糖不溶于水,但在加工过程中,能在水解酶的作用下水解成可溶性糖。

果胶是糖类的衍生物,水溶性果胶与茶汤的浓度有关。茶树鲜叶中还含有一定量的茶叶皂素和脂多糖,茶皂素味苦而辛辣,在水中溶解后易起泡。

6. 芳香物质

鲜叶中具有芳香的挥发性物质,含量不到0.02%,但组成芳香物质的种类近100种。包括醇类、醛类和酸类等,具有种类多、含量少、善变化的特点。在制茶过程中,这些香气物质相互作用和转化,形成新的香气物质。

另外,茶树鲜叶中含有的类脂,参与茶叶香气的形成;有机酸是茶叶滋味物质之一,也参与红茶色素的形成;矿物质和维生素是茶叶的营养物质。

茶树鲜叶的生化特性,特别是化学成分,是决定成茶各项特性的物质基础,其质量的优劣对品质影响极大。茶树鲜叶的生化成分受茶树品种、生长发育阶段、生长季节、生态环境、栽培条件等影响。

茶叶的外形特性

茶叶的形状主要由制茶工艺所决定,但其形状同样与一些内含的化学成分有关。与茶叶形状有关的主要成分有纤维素、半纤维素、木质素、果胶物质、可溶性糖、水分及内含可溶性成分总量等。

条索、颗粒紧结、造型美观的茶叶,与纤维素、半纤维素、木质素的含量较低有关,而与具有黏性的、有利于塑造外形的水溶性果胶及可溶性糖的含量较高有关,鲜叶中的内含可溶性成分总量越高,其形状一般较好,表现为紧结、有锋苗。茶叶在干燥后残留的水分也是影响外形形状的因子之一,没有足干的茶叶,因其水分含量过高而使茶叶松散、条索或颗粒不紧结。

茶叶的色泽特性

茶叶色泽是茶叶命名和分类的重要依据。茶叶色泽包括干茶色泽、汤色和叶底色泽三个方面。根据其溶解性能不同分为水溶性色素和脂溶性色素。

色泽是鲜叶内含物质经制茶过程中产生不同程度降解、氧化聚合变化的总反映。茶叶色泽因鲜叶和制作方法不同而表现出明显的差别,是茶叶中多种有色化合物颜色的综合反映,构成这些色泽的有色物质主要是黄酮、黄酮醇(花色素、花黄素)及糖苷、类胡萝卜素、叶绿素及其转化产物、茶黄素、茶红素、茶褐素等。

茶叶的色泽与香、味有内在联系,色泽的微小变化易被人们的视觉感知,审评时抓住色泽因子,便可从不同的色泽中推知出香、味优劣的大致情况。

茶叶的香气特性

茶叶中的芳香物质也称"挥发性香气组分(VFC)"。茶叶香气是决定茶叶品质的重要因子之一。

茶叶中的芳香物质有三大特点:一是种类多,十五大类共近700种,但主要的只有几十种。从鲜叶中近100种，经加工变化后，绿茶260余种、红茶400多种、乌龙茶近700种；二是含量少，一般占干物质的0.02%，鲜叶中0.03%～0.05%，绿茶0.005%～0.01%，红茶0.01%～0.03%；三是善变化，加工过程中，温度、湿度的不断变化，形成了不同的香气物质。

茶叶中的香气物质有的是各类茶所共有的，有的是各自具有的，有的是在鲜叶生长过程中合成的，有的则在茶叶加工过程中形成的。所谓不同的茶香，实际是不同芳香物质以不同浓度的组合，表现出不同香气风味。即便是同一种芳香物质，不同的浓度，嗅觉表现出来的香型也不一样。

茶叶的滋味特性

影响茶汤滋味的主要物质有多酚类、氨基酸、咖啡碱、糖类和果胶类物质。

涩味物质主要是多酚类，酯型儿茶素有较强的苦涩味，收敛性强，是构成涩味的主体。非酯型儿茶素稍有涩味，收敛性弱，回味爽口，黄酮类有苦涩味，自动氧化后减弱。

苦味物质主要是咖啡碱、花青素、茶皂素，儿茶素和黄酮类物质既呈涩味又具苦味，茶的苦味与涩味总是相伴而生，两者的协同作用主导了茶的呈味特征。研究发现，茶汤中的生物碱与大量儿茶素容易形成氢键，而氢键络合物的味感既不同于生物碱，也不同于儿茶素，而是相对增强了茶汤的醇度和鲜爽度，减轻了苦味和粗涩味。

鲜爽味物质主要是游离氨基酸及茶黄素、氨基酸、儿茶素与咖啡碱形成的络合物，茶汤还有可溶性肽类和微量的核苷酸、琥珀酸等鲜味成分。

鲜味的主体还是氨基酸，茶氨酸具有鲜甜味。

甜味不是茶的主味，但能削弱茶的苦涩味，茶叶中的甜味物质有很多，糖类及其衍生物、醇类、醛类、酰胺类和某些氨基酸，主要还是糖类和部分氨基酸。糖类中的可溶性果胶有黏稠性，能增进茶汤的浓度和"味厚"感，并使滋味甘醇。

酸味是调节茶汤风味的要素之一，酸味物质是鲜叶中固有的，有的在加工中产生。发酵茶的酸味物质所占比重较大，主要物质是氨基酸、有机酸、抗坏血酸、没食子酸、茶黄素及茶黄酸等。

名 茶 鉴 赏

西湖龙井

西湖龙井为历史名茶,始创于明代以前。产于浙江省杭州市西湖区,地跨北纬30°04′～30°20′、东经119°59′～120°09′,地处浙西丘陵山区向杭、嘉、湖平原沉降的过渡地带,东濒西湖,南临钱塘江。西湖区属北亚热带南缘季风型气候,气候温暖、湿润、多雾,常年相对湿度80%以上,三面环山,有独特的小气候,适宜茶树生长。茶园土壤主要有黄泥土、白砂土、黄筋泥土与油红泥土四种。

西湖地区产茶历史悠久。陆羽《茶经》载:"钱塘(茶)生天竺、灵隐二寺。"明嘉靖《浙江通志》载:"杭郡诸茶,总不及龙井之产,而雨前细芽,取其一旗一枪,方为珍品。"明人黄一飞和徐渭,先后将龙井茶收入全国名茶、贡茶名录。

自清以来,西湖龙井茶按产地分为"狮""梅""龙""云""虎"五个品类。"狮"字号为龙井狮峰一带所产,"梅"字号为梅家坞一带所产,"龙"字号为龙井、翁家山一带所产,"云"字号为云栖、五云山一带

龙井地域

西湖龙井产地

所产,"虎"字号为虎跑一带所产,其中"狮"字号被公认为品质最佳。据说清乾隆皇帝下江南,曾到狮峰山下胡公庙品饮龙井茶,饮后赞不绝口,并将庙前的十八棵茶树封为御茶。

西湖龙井茶产区种植的主要品种有龙井群体品种、龙井43、龙井长叶等。对不同等级的鲜叶原料分别摊放和炒制。龙井茶的初制工艺由以下10道工序组成:摊放、炒青锅(杀青)、回潮、二青分筛、辉锅、干茶分筛、挺长头、归堆、贮藏收灰。

品质特征:外形扁平挺秀,光滑匀齐,色泽绿中带黄,呈糙米色;汤色嫩绿明亮,香气清香持久,滋味鲜醇爽口,叶底细嫩成朵、嫩绿明亮。

西湖龙井外形

洞庭碧螺春

洞庭碧螺春为受原产地保护的历史名茶,创制于明末清初。产于江苏省苏州市太湖之滨的东、西洞庭山,地理位置为北纬31°04′、东经120°26′。洞庭山是太湖中的岛屿,东为半岛,位于北亚热带湿润季风气候区,加上太湖水体的调节,温暖湿润、多雨、光照充足、降水丰沛,非常适宜茶树生长。茶树间种在杨梅、枇杷、柑橘、银杏等10多种果树中,林果茶满山。

其名称由来有多种说法,一说清康熙皇帝在康熙三十八年(1699)南巡至江苏太湖,巡抚宋荦进献"吓煞人香"茶,康熙皇帝以其名不雅,即题曰"碧螺春",并封为贡茶。

洞庭碧螺春产区种植的主要品种有洞庭山群体品种,炒制的特点是:手不离茶,茶不离锅,揉中带炒,炒中有揉,炒揉结合,连续操作,起锅即成。主要工序为:杀青、揉捻、搓团显毫、烘干。

洞庭碧螺春以每500克干茶有65 000个左右嫩芽,以及超凡脱俗的高雅品质,被誉为"茶中仙子"。品质特征:条索纤细,卷曲如螺,茸毛密布,幼嫩整齐,当地茶农形容为"满身毛,铜丝条,蜜蜂腿",干茶

碧螺春产地

碧螺春外形

色泽银绿隐翠；茶汤嫩绿明亮，清香久雅，滋味鲜爽生津，回味绵长、鲜醇，叶底嫩匀。

黄山毛峰

　　黄山毛峰产于安徽省黄山市，由歙县漕溪人在清光绪年间创制。

　　1875年后，为迎合市场需求，每年清明时节，在黄山汤口、充川等地，人们竞相登高山名园，采肥腴芽尖，精炒细焙，标名"黄山毛峰"。黄

黄山毛峰产地

山风景区境内海拔700~800米的桃花峰、紫云峰、云谷寺、松谷庵、吊桥庵、慈光阁一带为黄山毛峰的主产地,这里林木茂盛,山高谷深,全年平均气温较低,日照时间短,水汽蒸腾,云雾缭绕,为黄山毛峰优异品质的形成提供了良好的自然条件。

黄山毛峰外形

适制黄山毛峰的茶树品种有黄山大叶种、祁门储叶种等品种。黄山毛峰于清明前后开采至谷雨前后结束,加工工艺为:杀青、揉捻、烘焙。

特级黄山毛峰堪称我国毛峰之极品,其形似雀舌,匀齐壮实,峰显毫露,色如象牙,鱼叶金黄;清香高长,汤色清澈,滋味鲜浓、醇厚、甘甜,叶底嫩黄,肥壮成朵。其中"金黄片"和"象牙色"是不同于其他毛峰的两大明显特征。

六安瓜片

六安瓜片为历史名茶,创制于清末。产于安徽省大别山茶区的六安、金寨、霍山三县,以金寨县的齐头山蝙蝠洞一带所产最为著名。

产区属淮河水系,海拔一般在100~600米。四季分明,季风明显,总体温和但温差较大,雨量适中但分配不匀,光照充足,无霜期较长,适合茶树的生长。

采制六安瓜片的主体茶树品种为六安独山双峰中叶种,俗称大瓜子种。六安瓜片采制要求独特,鲜叶必须长到"开面"才采摘,通过"扳片",除去芽头和茶梗、掰开嫩片、老片分别杀青,生锅、熟锅连续作业,最后以火温先低后高分三次烘焙。这种片状茶叶形似瓜子,遂称其"瓜子片""瓜片"。加工工艺为:扳片、炒生锅、炒熟锅、拉毛火、拉小火、拉老火。

品质特征:外形为瓜子形的单片,顺直匀整,叶边背卷平展,干茶色泽翠绿,起霜有润;汤色清澈明亮,香气高长,滋味鲜醇回甘,叶底黄绿匀亮。

大别山茶区

六安瓜片产地

六安瓜片外形

信阳毛尖

信阳毛尖为历史名茶,始于清末。产于河南信阳地区,地处鄂豫皖交界,位于北纬31°23′～32°37′,东经113°45′～115°55′,茶区主要分布于大别山北麓。茶园主要分布在车云山、集云山、天云山、云雾山、连云山、白龙潭、黑龙潭等群山峡谷之间,俗称"五云二潭"。这里山峦叠翠,溪流纵横,云遮雾绕。

唐代时信阳已是全国十三个重点茶场之一,所产之茶被列为贡茶。据传武则天饮过此地茶后,久治不愈的肠胃病立即消除,精神大振,于是赐银在车云山头修建了一座千佛塔。1915年在美国旧金山举行的巴拿马万国博览会上,信阳毛尖以优异的品质荣获金质奖章。

信阳毛尖茶区茶树品种除当地的群体种本山种外,还先后引进无性系良种白毫早、龙井43号等10多个。信阳毛尖茶的加工工艺为:鲜叶摊放、炒生锅、炒熟锅、初烘、摊凉、复烘、拣剔、再复烘。

信阳毛尖属于锅炒杀青的特种烘青绿茶,其品质特点为:外形属长条形(特级、一级为针形),紧细圆直,干茶色泽翠绿或绿润,多毫;汤色嫩绿明亮,滋味具有浓烈和浓醇型特征;香气为清香型,并不同程度表现出毫香、鲜嫩香、熟板栗香;叶底匀齐,嫩绿明亮。

信阳毛尖的地域

信阳毛尖的外形

都匀毛尖

都匀毛尖产于贵州省都匀市,为历史名茶,创制于明清,主要产地在团山、哨脚、大槽一带。

都匀市地处贵州高原东南斜坡,苗岭山脉南侧,境内峰峦叠嶂,云雾缭绕,昼夜温差较大,四季分明,雨热同季,冬无严寒,夏无酷暑,植被良好,海拔在540～1 961米,平均海拔938米。这里气候宜人,土层深厚,土壤疏松湿润,土质属酸性或微酸性,内含大量的铁质和磷酸盐。

都匀产茶历史悠久,早在明代洪武年间,都匀农村就已形成大片郁郁葱葱的茶园。明代御使张翀(号鹤楼)贬职充军都匀,曾前往五山(今都匀郊区团山一带,为都匀毛尖茶原产地之一)游览。留下一副茶联:"云镇山头,远看青云密布;茶香蝶舞,似如翠竹苍松。"18世纪末,广东、广西、湖南等地的商贾,用以物易物的方式来换取"鱼钩茶"(即今都匀毛尖茶)经广州远销海外。1915年都匀毛尖在美国旧金山举行的巴拿马万国博览会上获得优胜奖。

都匀毛尖茶加工工艺为:杀青、揉捻、整形、提毫、烘干。鲜叶从"净坯"下锅杀青后,采用翻、抓、抛、抖、揉、丢等手势连续操作,讲究

"火中取宝一气呵成",直到制成干茶为止,全过程需要45分钟左右。

品质特征:条索纤细,卷曲披毫,白毫显露,色泽绿润;汤色绿黄明亮,香气清爽鲜嫩,滋味鲜爽回甘,叶底匀整。素以"干茶绿中带黄,汤色绿中透黄,叶底绿中显黄"的"三绿三黄"特色著称。

君山银针

君山银针产于湖南岳阳市君山,始创于唐代,属黄茶类针形茶,有"金镶玉"之称。

岳阳市君山岛位于北纬29°21′21″、东经113°00′19″,是坐落在距岳阳市西南15千米的东洞庭湖中一座秀丽的湖岛。君山岛四面环水,茶园四面环山,无高山深谷,具有特殊的小气候条件。君山岛上土壤肥沃深厚,土质疏松。

君山茶盛称于唐,始贡于五代,此后历代都专门作贡茶。唐宋时,因其外形似鸟的羽毛,因此人们给它起名为"黄翎毛""白鹤翎"。到了清代,又因此茶有白色茸毛,改称为"白毛尖",作为纳贡,又称"贡

君山银针产地(由湖南省君山银针茶业股份有限公司供图)

都匀毛尖产地

君山银针外形

尖"。1957年始定今名。1956年在莱比锡博览会上赢得金质奖章。据著名茶学家庄晚芳教授的研究，君山银针就是《红楼梦》中的"老君眉"。

君山银针茶的茶树品种主要是君山自己选育的银针1号、银针2号。君山银针的采摘标准为全芽头；其加工工艺为：杀青、摊放、初烘、摊放、初包、复烘、摊放、复包、干燥、分级10个工序，其中初包和复包两道工序历时达4天左右。

品质特征：外形芽头肥壮，挺直，匀齐，满披茸毛，色泽金黄光亮；汤色浅黄明亮，香气清鲜，似嫩玉米香，滋味甜爽；叶底黄亮匀齐。冲泡时芽尖冲上水面，悬空竖立，继而徐徐下沉杯底，状如春笋出土，又似金枪直立，芽头一起一落，三浮三沉，水光芽影，交相辉映，令人赏心悦目。

安溪铁观音

安溪铁观音是中国历史名茶之一，产于福建省安溪县。

安溪县是福建省东南沿海山川秀丽的山区县。境内兰溪水长流，凤山钟灵秀，长年朝雾夕岚，气候温和，雨量充沛，素以"茶树天然良种宝库"之称。

安溪产茶历史悠久，唐代已产茶，至明代产茶渐盛。《安溪县志》有"常乐、崇善等里货（指茶）卖甚多"的记载。茶区农民选育出许多的优良茶树品种，其中以铁观音制茶品质为最优。据传，清代乾隆年间，在安溪县西坪尧阳有着"魏饮种"和"南岩铁观音"两个美丽的传说，皆以铁观音品种茶树制成的乌龙品质非凡，有特殊香韵，多次冲泡仍有余香，被公认为茶树好种，竞相压条繁殖引种。1916年、1945年、

安溪铁观音产地

1950年铁观音参加台湾地区、新加坡、暹罗的茶叶评比获金奖；1986年，在法国举行的国际名茶评比中被评为世界十大名茶之一，荣获金枝叶奖。

安溪铁观音由铁观音茶树品种进行采制，工艺分为：摊青、晒青、凉青（或静置）、摇青、炒青、揉捻、初烘、初包揉、复烘、复包揉、足干等。分春茶（4月下旬至5月上旬）、夏茶（6月下旬）、暑茶（8月上旬）和秋茶（10月上旬）来采制。

品质特征：有"美如观音重如铁"之称，外形肥壮卷曲重实（俗称"蜻蜓头""青蛙腿"），色泽乌翠油润，砂绿明显；汤色金黄明亮，香气馥郁持久，有花香，滋味醇厚甘鲜，叶底肥厚柔软，叶面鲜活光亮，带波浪状，俗称"绸缎面"，叶缘红艳，叶柄青绿，叶面黄绿有红点，俗称"青蒂、绿腹、红镶边"。

铁观音的外形

武夷岩茶

武夷岩茶为中国历史名茶之一，产于福建省武夷山。属青茶（乌龙茶）类，主要产区位于武夷山慧苑坑、牛栏坑、大坑、流香涧、悟源涧一带。

武夷山是历史悠久的名山，素有"奇秀甲东南"之誉，属丹霞地貌，岩峰耸立，劈地而起，岩壁赤黑相间，群峰连绵，峡谷纵横，九曲溪萦回其间，实有"碧水丹山"之美。武夷山方圆60千米，全山36峰、99名岩，岩岩有茶。茶园土壤发育良好，土层深厚、疏松，肥力好，为武夷岩茶优异品质的形成提供了良好的条件。

武夷从唐代生产蒸青团茶起，至明末罢贡茶之后，约在明末清初，武夷积历代制茶经验之精髓，创制了武夷岩茶，从此乌龙茶的采制工艺正式问世。

武夷山是天然的植物园，茶树品种资源十分丰富，有茶树"品种王国"之称。武夷当地有性群体品种——菜茶（武夷种），变异甚多，蕴藏了无数优异的种质。

武夷岩茶因产茶地不同，可分为正岩茶、半岩茶和洲茶。正岩茶是指武夷岩中心地带所产的茶，岩韵特别显著，香气浓郁，滋味醇厚；半岩茶是指武夷岩边缘地带所产的茶，香气次之，岩韵不如正岩显著；洲茶是指崇溪、九曲溪、黄柏溪等溪边靠近武夷岩两岸所产的茶，品质不如正岩茶和半岩茶有特色。

武夷岩茶生长环境独一无二，制作工艺精湛，成为稀世茶叶珍品。其加工工艺为：鲜叶、萎凋（日光、加温）、凉青、摇青与做手、炒青、初揉、复炒（炒熟）、复揉、水焙、簸、凉索、毛拣、足火、团包、炖火、成茶。

武夷岩茶按产地、品种、品质，可分为奇种和名种。奇种又分单丛和名丛。单丛是选自武夷山原始菜茶中生长优良的若干丛，分别采制而成，并按茶树生长环境、形态、叶形、叶色、发芽时间等命名，品质优于名种。名丛是从数百种单丛中选最优秀、品质有独到的单丛，分别采制而成，品质最优的当属武夷山正岩的"武夷四大名丛"：大红袍、铁罗汉、白鸡冠、水金龟。

大红袍是武夷岩茶中品质最优异者，"大红袍"名丛茶树生长在武夷山九龙窠高岩峭壁上，岩壁上至今仍保留着1927年天心寺和尚所作的"大红袍"石刻，都是灌木茶丛，叶质较厚，芽头微微发红，在阳光照射下，岩光反射，茶树红灿灿的，十分醒目。传说天心寺和尚用九龙窠岩壁上采来的茶叶治好了一位状元的病，这位状元将身上穿的红袍盖在茶树上以示感谢，红袍将茶树染红了，"大红袍"茶名由此而来。

武夷岩茶产地

大红袍品质特征：外形条索紧结，色泽绿褐鲜润带宝色；汤色橙黄明亮，香气馥郁持久，有兰花香，滋味醇厚回甘，"岩韵"明显，耐冲泡，叶底有典型的绿叶红镶边特征。

铁罗汉名列"武夷四大名丛"之一，创制历史悠久。对其产地有不同的说法：一说产于武夷山慧苑岩的内鬼洞，茶丛生长于长仅丈许的狭窄缝隙间，两旁为高耸的岩壁，边上有一小涧。流水潺潺。两处十分适宜茶树的生长。后由慧苑寺一位身强体壮而肤色黝黑，像一尊罗汉的僧人制得，故名"铁罗汉"。

铁罗汉品质特征：外形条索紧结，色泽褐红；汤色红润明亮，香气馥郁，"岩韵"突出，滋味醇厚回甘，带"藓"味，耐冲泡，叶底粗壮，红绿相间。

白鸡冠得名于它的嫩芽长得鲜绿，幼叶薄绵如绸，在阳光照射下看似白色，而叶形似鸡冠。白鸡冠成熟老叶呈长椭圆形，叶缘略内卷，叶色浓绿有光泽；其嫩叶薄软，色黄，有光泽，与浓绿老叶形成鲜明的两成色。

白鸡冠品质特征：外形条索紧实，色泽灰褐；汤色橙红，香气悠长，滋味醇厚，叶底嫩匀，红边明显。

水金龟为"武夷四大名丛"之一。相传早年茶树属武夷山天心永乐寺庙产，植于杜葛寨峰下，后遇大雨，茶树被冲至牛栏坑头之山洼处，被磊石寺僧人发现，壅土养之。独特的环境，精心的管理，使茶树枝繁叶茂，四季常青。张开的枝叶互相交错，远看似一格格龟纹，油绿的叶子闪闪发光，宛若一只趴着的大龟，因此得名"水金龟"。

水金龟品质特征：外形紧结，色褐；汤色黄亮，香气清雅悠长，滋味爽滑，叶底嫩匀。

祁门红茶

祁门红茶主要产于安徽省祁门县，创制于1875年，历史悠久。

祁门县地处黄山支脉西延伸段，境内山岳连绵。茶园主要分布在海拔100～350米的峡谷山地和丘陵地带。祁红茶区温暖湿润，雨量充沛，四季分明。春夏季节云雾缭绕，"晴时早晚遍地雾，阴雨成一满

祁门红茶产地

山云"，"云以山为体，山以云为衣"，并因山高林密形成许多小气候地域，自然环境优越，茶叶品质优良。

　　按其创制人的不同，祁门红茶现有余氏（余干臣）说、胡氏（胡云龙）说、陈氏（陈烈清）说三种。说法最多的是：1875年，安徽黟县人余干臣自福建罢官回原籍经商，因在福建认识到销售红茶多利，便在至德县（今东至县）开设茶庄，以仿效"闽红"的制法，试制红茶成功，次年又在祁门的历口、闪里开设了茶庄，因价格好、质量高，茶农纷纷响应改制红茶，逐步形成祁门红茶茶区。祁门红茶是世界三大高香茶之一，19世纪中叶曾风靡英伦，是最受欢迎的东方饮品。1915年在美国旧金山举行的巴拿马万国博览会上获得金质奖章，为中国传统工夫红茶之一。

　　祁门红茶加工工艺分初制和精制两大过程：初制包括萎凋、揉捻、发酵、烘干等工序；精制则将长短粗细、轻重曲直不一的毛茶，经筛分、整形、审评提选、分级归堆，同时为提高干度，保持品质，便于贮藏和进一步发挥茶香，再行复火、拼配，成为形质兼优的成品茶。

品质特征：条索紧秀有金毫，锋苗好，色泽乌黑泛灰光，俗称"宝光"；汤色红艳明亮，滋味鲜醇爽口，耐人寻味，尤以香气高扬独具一格，有蜜糖香、玫瑰香，似苹果香，又蕴藏兰花香，叶底嫩软红亮。国外把祁红这种地域性香气称为"祁门香"，并把中国祁门红茶与印度大吉岭红茶、斯里兰卡乌伐的季节茶，并列为世界公认的三大高香茶。因此，祁红被誉为"王子茶"，被美称为"茶中英豪""群芳最"。

祁门红茶的外形

茶的家庭储存

茶叶是疏松多孔的干燥物品，茶性易移，收藏不易，古人提出"藏法喜温燥而恶冷湿，喜清凉而恶蒸郁，喜清独而忌香臭"是有科学依据的。茶叶的变质、陈化是茶叶中各种化学成分氧化、降解、转化的结果，对它影响最大的环境条件主要是温度、水分、氧气、光线以及它们之间的相互作用。茶叶若保存不当，很容易陈化变质而失去品饮价值，因此，避免茶叶受到温度、水分、氧气、光线的伤害，是保存好茶叶的首要工作。

温度

茶叶的氧化、聚合等化学变化，与温度高低紧密相关，温度愈高，反应速度愈快。各种实验表明，温度每升高10℃，茶叶色泽的褐变速度将加快3～5倍。在10℃以下的冷藏可较好抑制褐变的进程,在0℃以下的冷藏,茶叶的香气变化较小,在−20℃的冷冻贮藏虽也不能完全阻止褐变,但能达到防止茶叶的陈化变质。研究还认为,红茶的贮藏中残留多酚氧化酶活性恢复与温度呈正相关。在较高温度下贮放茶叶,茶多酚的酶促氧化和自动氧化,茶黄素和茶红素的进一步氧化、聚合速度都大大加快,从而加速新茶陈化,造成茶叶品质受损。

水分

当茶叶水分含量在3%左右时,水分子以氢键与茶叶成分结合,呈单分子层状态,可以较好地把脂质与空气中的氧分子隔离开来,阻止脂质的氧化变质。但当茶叶水分含量超过6%时,水分不但不能起保护作用,而是明显起着溶剂的作用,会使化学变化变得相当激烈。当空气中相对湿度50%以上时,茶叶含水量将迅速上升。随着含水量的上升,叶绿素降解、茶多酚自动氧化、多酚氧化产物的进一步聚合均会加速,使色泽产生快速变化。变化反应会产生热量,再次加速茶叶品质陈化,使干茶色泽由鲜变枯、汤色叶底由亮变暗。茶叶含水量在5%以下时较耐贮藏。

氧气

空气中有20%的氧气,它几乎能与所有元素作用形成氧化物。空气中大部分是分子态氧,其自身的反应性并不强烈,在具有能促进反应的酶的存在时,氧化作用就变得很激烈。茶叶中多酚类化合物的氧化,维生素C的氧化,以及茶黄素、茶红素进一步的氧化、聚合,脂类物质的氧化,都和氧气有关,这些氧化作用会产生陈味物质,严重破坏茶叶的品质。

光线

光线的照射,加速了各种化学反应的进行,对贮存茶叶有着极为不利的影响,光能促进植物或脂质的氧化,特别是叶绿素易受光的照射而褪色,其中紫外线最为显著。足干的茶叶贮藏在密闭不透光的容器中,茶叶色泽较稳定,若把茶叶放在有光环境特别是直射光下,绿茶将失去绿色而变成棕红色。茶叶嫩度越高,对光线的灵敏度愈高,色泽变化愈大(一般高级绿茶10天变色,普通绿茶20天褪去鲜绿色泽)。

因此,若想常有新鲜的好茶喝,首先,在购买茶叶时要特别留意其包装的品质和茶叶自身的水分。包装材料要洁净无味,防潮性好;要尽可能的密封,避免与空气接触;要选择防潮并有硬质包装,使茶叶不受挤压以保持外形的完整性;需要贮存的茶叶含水量一般要在7%以下(可取少许,用拇指与食指用力搓揉茶叶,碎不成细条即可),绿茶的含水量通常要求在5%左右,标准不同略有差异。其次,购回家的茶叶,要选择适当的地方存放。

常用的茶叶贮藏方法有生石灰贮藏、真空贮藏、抽气充氮包装、低温贮藏等。

生石灰贮藏:主要是利用生石灰吸收水分,使茶叶保持干燥。具体方法是,选洁净的缸、坛或铁筒,将未风化的生石灰用干净布袋/牛皮纸/布袋包好放置容器中央,茶叶分层列于容器四周,密封后放置在干燥阴凉处,前期需要勤观察,石灰包升温马上更换,后期一两个月更换一次。

真空贮藏:适用于少量而需长期贮藏的茶叶。具体方法是,将茶叶放入铁皮罐中,抽去罐内空气后密封,常温下贮藏一年半仍能保持茶的原有品质。

抽气充氮包装:多用于小包装茶,要求茶叶自身含水量低,抽气充氮是阻止与空气的接触而发生氧化。

低温贮藏:是防止茶叶在高温下的氧化,将茶叶密封后放入冷库贮藏,两年时间内能保持茶的品质,但茶叶一旦从冷库取出,由于温度骤变会加速变质。

茶叶包装一般分为真空包装、无菌包装、充氮包装、除氧包装、普通包装等,这些包装好的茶叶,含水量适合,无拆封,只要存放在阴凉干燥洁净之处,可保存6~12个月,不致发生不良变化而变质变味,如果再配合低温贮藏效果更佳。

对于家庭贮藏已拆封的茶叶,可采用以下几种方法:准备一台专门贮存茶叶的小型冰箱,设定温度在-5℃以下,将拆封的封口紧闭好,将其放入冰箱;用整理干净的热水瓶,将拆封的茶叶倒入瓶内,塞紧塞子,用白蜡封口后保存;用陶坛存放,在陶坛底部放置双层棉纸,坛口放置两层棉布后压上盖子;可采用双层的罐子、纸罐、马口铁罐、锡罐等,罐内须垫一层棉纸或牛皮纸,再盖紧盖子。

　　茶叶最好少量购买或以小包装存放,减少打开包装的次数,如此,既能保质,冲泡时也方便。

(撰稿者: 黄立新)

第三章

茶事茶器

茶 饮 源 流

茶之为饮的源起

《茶经》"六之饮"上说："茶之为饮，发乎神农氏，闻于鲁周公"。由此，陆羽将茶饮的起始追溯到神农（时期），也就是人类的生产方式或说对自然资源的利用途径由采集渔猎到从事农业的转折期。

西汉《神农食经》所记"茶茗久服，令人有力，悦志"表明，人们对茶之药用价值即身心调理作用的认知是比较早的。在这方面，《孺子方》"疗小儿无故惊厥，以苦茶、葱须煮服之"和汉末华佗《食论》"苦茶久食，益意思"的记载，也可佐证。

湖州青塘别业陆羽像（大茶供图）

对自然源自动植物之食材的利用，人们在不了解火的作用、进而掌握取火方式并安全运用之前，咀嚼而咽、饮血茹毛是最直接的方式，如《礼记·礼运》所载："未有火化，食草木之实、鸟兽之肉，饮其血，茹其毛。"作为可食用的植物材料，茶树鲜叶的生嚼吸汁、咽而裹腹概为必然。之后，煮羹而饮顺理成章，其情形如东晋郭璞《尔雅注》"树小似栀子，冬生，叶可煮羹饮"所述；也有捣成粉末与其他食材做成羹汤的用法，如三国时期张揖《广雅》的记载："荆巴间采茶作饼……捣末置瓷器中，以汤浇覆之，用姜葱、橘子芼之。"

茶从日常饮食的组成部分分离出来而成为一种专门的饮料，约始于魏晋时期。当时一些文人雅士把煮茶和饮用过程当作表现自身气度的做派和载体，其中运用了规程和范式，他们相信也试图让人感受到茶饮活动所蕴藉之风姿的倜傥和气韵。事实上，风雅人士的茶饮也确实

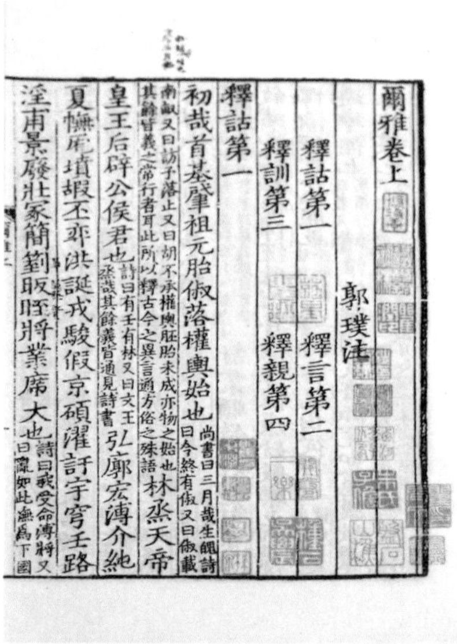

爾雅卷上

郭璞注

釋詁第一　釋言第二

釋訓第三　釋親第四

釋詁第一

初哉首基肇祖元胎俶落權輿始也尚書曰三月哉生魄詩曰令終有俶又曰俶載南畝又曰訪予落止又曰胡不承權輿胚胎未成亦物之始也其餘皆義之常行者耳此所以釋古今之異言通方俗之殊語林烝天帝皇王后辟公侯君也詩曰有壬有林又曰文王烝哉其餘義皆通見詩書弘廓宏溥介純夏幠厖墳嘏丕弈洪誕戎駿假京碩濯訏宇穹壬路淫甫景廢壯冢簡箌昄晊將業席大也詩曰我受命溥將又曰廓如此廞爲下國

张揖《广雅》

夢粱錄卷九

錢塘吳自牧輯

三省樞使諫官

三省即尚書省中書省門下省樞密院國初循唐舊制置院於中省之北今在都堂東上為樞屬列曹之所蓋樞密使率以宰臣兼領自知院以下皆聚於都堂治事省院在和寧門北首舊寧寺也樞密院後建經武閣係藏經武要略之文中書門下後省在都堂後諫院在後省之西檢正左右司在諫院之右向東承旨檢詳編修在樞密院三省樞密院監門大門之南三省樞密院架閣在制敕院後御史臺在清河坊內北向蓋取嚴肅

南宋吴自牧《梦粱录》

令人向往甚至亦步亦趋，此中有趣、生动也有些滑稽的实例，是王蒙的“水厄”和刘缟对王肃的模仿。

统一但国运非久的隋代之后，是强大、安定而各种自信充满的唐代。正是在这一时期，茶学因陆羽《茶经》的面世而蔚成体系，茶饮缘于普及和精神内容的贯穿而具备整体上的文化意义和价值。

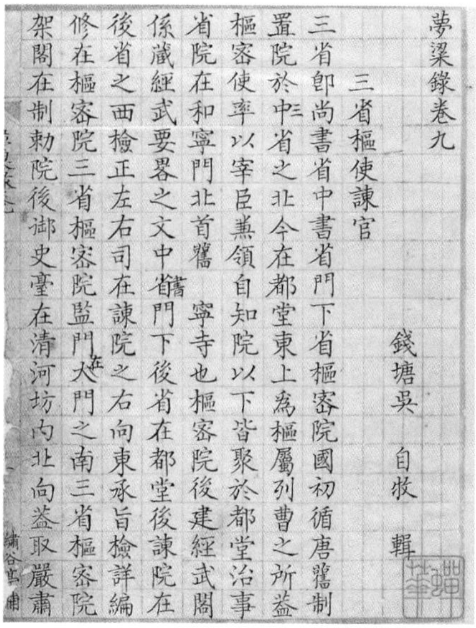

诚如南宋吴自牧《梦粱录》所记：“盖人家每日不可阙者，柴米油盐酱醋茶”，可见至迟到宋代，茶饮已成为中国人日常的开门七件事，是缺则令人不安的生活必需。

茶饮方式的演变

茶饮方式也称行茶，即将茶叶转换成茶汤所运用的操作方式。就原料组成而言，其概分两类，即清饮和调饮；从成汤过程的操作内容来看，历史上成为主流者概为三种，即煮茶法、点茶法和泡茶法，并实际包含了芼茶、痷茶、擂茶、煎茶等虽则名异其实略同的方式，而生煮羹饮的茶树鲜叶未经制作其实并非“茶叶”，实为饮食材料的运用，故列此外。

关于芼茶，三国时期张揖《广雅》云：“荆巴间采叶作饼，叶老者，饼成以米膏出之。欲煮茗饮，先炙令赤色，捣末，置瓷器中，以汤浇覆之，用葱、姜、橘子苣之。其饮醒酒，令人不眠。"这里叙述的行茶方式，是先把茶饼近火烘烤让它变成赤色，捣成粉末后放入瓷器，再将烧开的水浇在瓷器内的茶粉末上，并选用葱、姜、橘子混入其中来做成。

关于痷茶，"乃斫、乃熬、乃炀、乃舂，贮于瓶缶之中，以汤沃焉，谓之痷茶"（陆羽《茶经》"六之饮"）。痷，是浇水、淹没的意思。文字所述，是把茶树梢砍下、用水熬煮，然后烘干、捣碎成粉末放入瓶缶之中，用烧开的水来浸泡做成。

关于擂茶，"擂"意为研磨，常以花生、芝麻、绿豆、茶叶、山苍子、生姜等为原料，用擂钵捣烂成糊状，调以食盐，冲开水和匀，再加上炒米制成。

关于煎茶，按陆羽《茶经》"五之煮"的记述，其过程为炙茶而碾之成末，煮水至沸，放盐、投茶煮成。

清饮，即茶叶单独制成饮品；调饮，即将茶叶和其他可作饮食之用的料放在一起制成饮品。

清饮的提倡并形成行茶规范，明确见述于《茶经》"五之煮"。陆羽在此详叙了煮（煎）茶法的程序，为：

（择水→）炙茶→末之→煮水→一沸放盐→二沸投茶→三沸回水→酌茶。其中：

择水，山水上、江水中、井水下。

炙茶，均匀而透彻，且不让灰烬飘沾茶饼。

末之，均匀莹润如小米。

煮水，用炭火劲薪以快速煮沸。

一沸，"如鱼目，微有声"，按水量多少，调之以盐味。

二沸，"缘边如涌泉连珠"，出水一瓢、环搅釜内水形成漩涡，按水量多少用茶则"量末当中心而下"。唐代1升水，相当于现在600毫升；1方寸匕茶末，约合11～12克。

三沸，倒回二沸所出的水以"止沸育华"。

酌茶，一釜茶汤常分五碗，要做到汤量和沫浡均匀。

宋代，行茶方式以点茶法为主流。在蔡襄《茶录》里，对其操作步骤叙述为：

炙茶→碾茶→罗茶→候汤→熁盏→点茶。其中：

炙茶，于净器中以沸汤渍之，刮去膏油一两重乃止，以钤箝之，微火炙干，然后碎碾。

碾茶，先以净纸密裹椎碎，然后熟碾。其大要，旋碾则色白；或经宿，则色已昏矣。

罗茶，罗细则茶浮，粗则水浮。

候汤，未熟则沫浮，过熟则茶沉。前世谓之"蟹眼"者，过熟汤也。

熁盏，凡欲点茶，先须熁盏令热，冷则茶不浮。

点茶，茶少汤多，则云脚散；汤少茶多，则粥面聚。钞茶一钱匕，先注汤，调令极匀；又添注之，环回击拂。赵佶《大观茶论》则将此环节述为七个步骤，即所谓"七汤"，最后做成"乳雾汹涌，溢盏而起，周回旋而不动，谓之咬盏"的茶汤。

明清以后，随着散茶成为茶叶形制的主要形式，瀹泡清饮成为茶饮主流。许次纾《茶疏》叙述为："握茶手中，俟汤入壶，随手投茶，定其浮沉，然后泻啜，则乳嫩清滑，而馥郁于鼻端。病可令起，疲可令爽。"

茶艺冲泡及要素

茶艺一词，首见于1940年时任

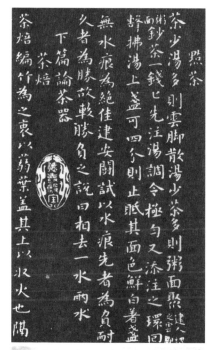

蔡襄楷书《茶录》揭片

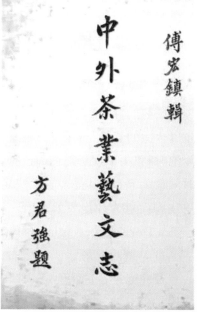

1940年出版的《中外茶业艺文志》

复旦大学茶学系主任胡浩川为《中外茶业艺文志》一书所撰的"叙"："津梁茶艺，其大裨助乎吾人者，约有三端：今之有志茶艺者，每苦阅读凭藉之太少，昧然求之，又复漫无着落。物无可物，莫知所取；名无可名，莫知所指。自今而后，即本书所载，按图索骥，稍多时日，将必搜之而不尽，用之而不竭。凭其成绩，弘我新知，其乐为何如也，此其一……"

到20世纪70年代，我国台湾茶界人士在茶文化复兴的价值与概念大讨论之后，约定用茶艺来指代中华茶文化艺术的一个概念，并渐为两岸三地的茶界人士所接受而概为共识。其很大程度上，是作为茶道、茶礼相对应的名词来运用。

1. 茶艺的含义

茶艺为当代说法，概而言之为有原理、有方法、有形式地将茶叶转变成茶汤的过程，以茶叶的冲泡成汤为其主体方式和基础性功能。茶艺的含义，既有冲泡三要素这样的基本内容，又有水的选择、投茶方法、器物的选用及行茶时的姿态、手势乃至仪容、眼神的要求。

在日常生活和社会交流中，茶艺概称生活艺术，其以泡茶技能和品茗艺术为核心，在物质功能之外，更可运用于人们特意策划和组织实施的以茶会雅集为主要形式的各种活动，其品质的优劣和格调的高低，既相关于茶饮的特点，也相关于艺术、人文、器物、服饰及其他方面。

2. 冲泡三要素

茶艺的冲泡，其技法在于以茶品的鉴别及对茶性的把握为前提，配备以合适的器具，选用适宜泡茶的水，并以恰当的茶叶投量、冲泡水温和浸泡时间，去呈现一道色、香、味、形俱美的茶汤结果。其中，茶量、水温、时间最为基础，其妥否直接决定了茶汤的品质及茶艺程序本身是否站得住脚而堪为冲泡要素。因三者的英文对应词组各有一个字母"T"，即 Tea Dose、Water Temperature 和 Brewing Time，故也简称"3T"。

（1）茶叶投量

若冲泡器容量已确定，则茶叶投量其实是茶水之比，实际的茶叶冲泡用量也与冲入茶器的水量相关。总体而言，茶叶投量取决于打算冲泡的次数，也相关于口味的轻重，并影响到浸泡时间的长短。茶叶投量对于茶汤的真正含义,实为可溶于水的有效内含物的总量。

① 茶量与冲泡次数

壶泡球型的冻顶乌龙,若只泡两道,茶叶投量约有效壶容量的1/6;若泡五六道,茶量约为有效壶容量的1/4。

有效壶容量,首先是指茶壶满而不溢时的冲入水量,但泡茶时更重要的是实际冲入的水量,后者相关于酌分茶汤的需要或茶壶与茶盅和酌茶杯数的匹配程度与调整方式。通常,每道茶冲泡时未必需要也很难达到满而不溢而多为八分满的程度;有时,则需要冲泡两道才酌奉一次。

比较特别的是只泡一道即"含叶茶法",按有效壶容量来计是重量的1.5%,即水的毫升数转为同量的克数、茶叶也是克数为前提的茶与水之比。形式上,"含叶茶法"与日常随手投茶、冲入开水的饮茶相似,其显著不同在于茶水比例的把握,并且,作为茶艺方式的"含叶茶法",其浸泡时间通常为10分钟,且时间再长茶汤浓度也变化不大。

茶叶审评的做法,也是按重量计,即茶水比例为的1∶50(2%),即150毫升的审评杯,用茶3克。

② 茶量的相关因素

茶叶有紧松、整碎的不同,按容量定茶量,紧者酌减、松者酌加,整者酌加、碎者酌减;按重量即茶水比定茶量,则"整者酌加、碎者酌减"的处置方式依然适用。

③ 茶器对茶量判断的影响

冲泡器中,口大底小的盖碗,判断会偏向于多;口小底大的茶壶,判断常偏向于少。

茶菁细嫩的茶,重量常会低估;粗老或质地疏松的茶,常被高估。同理,茶罐、茶瓮底部的茶,因其多细碎,容易低估。

(2)冲泡水温

行茶水温对应于所泡茶品,主要取决于其茶菁老嫩和制茶工艺。

① 对茶汤品质的影响

源于多酚类和咖啡因在高水温下的浸出相对于其他内含可溶性物质在比例上快而多,通常,以高温水冲泡出的茶汤较为强劲甚至霸道,以低温水冲泡则茶汤较为温和以至柔绵。用某一水温泡茶若苦味偏重,可降低水温做出调整。

除冷泡法通常以室温水（15～20℃）冲泡外，通常泡茶水温可分三段，即：低温（70～80℃）、中温（80～90℃）、高温（90～100℃）。其对应茶品约为：

a.低温：茶菁以嫩芽为主的绿茶和黄茶，如西湖龙井、洞庭碧螺春、玉露和君山银针等。其中玉露这样的蒸青绿茶，尤须低温以保有风味特色；高档龙井则常先以稍高水温润茶适当时间后再冲泡以低温水，既激发其高沸点的香气物质又避免茶汤过快变黄和产生熟泡气。君山银针这样的黄芽茶，冲泡的水温选用可参照高档龙井，且其经闷黄工艺，润茶水温高至90℃亦无妨。

b.中温：茶菁较为成熟的绿茶、重萎凋的白茶和含有嫩芽的乌龙茶，如六安瓜片、白毫银针和东方美人。

c.高温：茶菁以开面叶为主的乌龙茶类、全发酵的红茶和经渥堆的黑茶或存放经年的生普，如武夷肉桂、铁观音、凤凰单丛和冻顶乌龙、安化黑茶、六堡茶、熟普和二十年以上的陈生普，以及祁门工夫红茶、云南工夫红茶、正山小种。

d.再加工茶中的花茶，应视其窨用的香花和茶坯的原料而定。如茉莉花茶，其烘青绿茶的茶坯通常不用高档茶，且经窨制茶已有所发酵，故而，宜选用中高温即90℃的水冲泡；而桂花乌龙，则可直接用高温水冲泡。工艺中有焙火环节者，宜用高温水。

茶汤：色香味形

② 冲泡水温与浸泡时间

总体而言，冲泡的水温愈高，茶叶内含可溶物浸出愈快，浸出率也愈高。故而，茶叶投量一定的情形下，水温愈高，浸泡时间应愈短；水温不够，则应延长浸泡时间以获得有浓度的茶汤。但务必谨记，只要条件允许，水温的选用主要相应于茶品，以免有损风味。

③ 冲泡水温与茶器温度

茶艺冲泡中，通常会温壶烫杯以驱其冷气；同时，烫后投茶，可以嗅赏干茶香气。

主茶器未经温烫,则热水冲入会降温5～10℃许。在冬天及其他环境温度较低的情形下,提高器温有利于把握泡茶水温,也直接影响所需浸泡时间。此外,若茶叶为冷藏甚至冷冻保存,则需考虑适当提高冲泡水温。茶叶自冷藏条件取出,更宜待其升温至近室温再行冲泡,也是"醒茶"的一种。

通常,散热快的茶器保温性能低,如瓷质茶壶或玻璃壶盏;对茶汤而言,瓷壶相对是更利于香气孕发的。同时,应兼顾泡茶时的实际水温与所需水温的一致程度,而决定茶器的烫或不烫,以及用多少水烫,还有水入器后的倒出时机。

④ 水温的判断

张源《茶录》"汤辨"曰:"汤有三大辨十五小辨,一曰形辨,二曰声辨,三曰气辨;形为内辨,声为外辨,气为捷辨。如虾眼、蟹眼、鱼眼连珠,皆为萌汤,直至涌沸如腾波鼓浪,水气全消,方是纯熟;如初声、转声、振声、骤声,皆为萌汤,直至无声,方是纯熟;如气浮一缕、二缕、三四缕,及缕乱不分、氤氲乱绕,皆为萌汤,直至气直冲贯,方是纯熟。"

因煮水器形制和加热方式的缘故,张源"汤辨"方法中如今较为适用的是声辨和气辨;其中,声辨的从"萌汤"到"纯熟"可对应于阶段性的低温、中温和高温,而经过温度计对照及多次观察的练习,气辨应能把握到5℃以内的水温。

下表摘自蔡荣章《茶道基础篇——泡茶原理与应用》(以下简为《泡茶原理与应用》),"声辨内容"和备注为笔者酌添:

水温与泡茶的原理

水温(℃)	蒸汽外冒情况	备　　注
98	旺且猛	1.蒸汽外冒,指蒸汽从煮水器壶嘴冒出 2.务必先以测温计对照煮水时观察到的现象,形成对应后,才运用于实际
95	猛(渐至无声)	
90	快窜	
85	大冒(声若松涛)	
80	直冒	
75	小烟缓冒(微有声响)	
70	一缕轻烟	

随着设计和制作的发展，当代工艺已能制出即便高温也声响、水汽皆微弱的煮水器，不适用以上水温判断方法；而水温可显且可控的煮水器，能够让其内所盛水的温度可知并处于一定范围，使用十分方便。

（3）浸泡时间

系茶艺冲泡最难把握的要素。浸泡时，茶叶内含有效物质渐渐溶出入水而成茶汤（此处不宜用"析出"一词，因其化学意义上，对应为溶液过饱和时的结晶过程），而各种物质的溶出速度是不同的。每种物质溶出的分量和各种物质的相互比例，决定了茶汤的浓度和滋味的可口程度。

制茶过程中的揉捻轻重和所做成茶叶的外形，决定了第一道的浸泡时间。通常，紧结的、揉捻轻的茶叶，头道的浸泡时间宜1分钟以上；重揉捻的红茶和经渥堆、紧压、解块的后发酵的普洱茶等，宜30秒以内。这里的第一道冲泡，是茶汤用来喝的正泡，不是用来醒茶或洗茶的，其延续通常在30秒到60秒之间。设若冲泡五道，则第二道时间缩短，第三道后逐渐延长，且后续增加的延长时间一道比一道多而非等值。

下列为碧螺春和白毫银针两个茶品的五道冲泡浸泡时间控制例子，表的制作参照《泡茶原理与应用》：

碧螺春的冲泡情况

茶　　名	茶　　况		泡　　数	浸泡时间（分、秒）
碧螺春	外形	弯	1	40秒
	粗细	中		
	焙火	×	2	15秒
	陈放	×		
	品级	特	3	35秒
	温壶	×		
	水温	80℃	4	1分钟5秒
	茶量	1/2	5	2分钟

注："弯"指茶形呈自然弯曲状。

白毫银针的冲泡情况

茶　名	茶　　况		泡　数	浸泡时间（分、秒）
白毫银针	外形	条	1	1分钟15秒
	粗细	大		
	焙火	×	2	30秒
	陈放	×		
	品级	高	3	1分钟
	温壶	V		
	水温	80℃	4	1分钟45秒
	茶量	1/3	5	3分钟

　　浸泡时间长度与内含可溶物在水中的溶出速度成反相关，后者在茶叶采制和其他方面的影响因素简括如下：

　　揉捻的轻重：即叶细胞揉破的程度，揉捻愈重、溶出速度愈快。揉捻程度可从叶底看出，如铁观音、红茶等较重而白茶较轻。

　　原料的嫩度：总体上，嫩度愈高，内含可溶物愈多；同长的浸泡时间，溶出有效成分会愈多，茶汤愈显浓稠。

　　萎凋的轻重：萎凋愈重，溶出速度愈慢，但揉捻因素的权重更大。如重萎凋轻发酵的白茶，溶出速度很慢，但重萎凋全发酵的红茶，因经重揉而溶出速度很快。

　　紧结与整碎：茶叶的外形，愈紧结，第一泡时间需愈长。泡开后，后续冲泡的时间需因茶制宜，嫩度高的因内含可溶物丰富而相对宜短。干茶碎屑含量愈多，第一泡时间宜愈短。

　　焙火与陈放：焙火愈重、陈放愈久，溶出速度愈快。

　　渥堆与虫咬：经渥堆的茶，溶出速度会很快；经昆虫（如小绿叶蝉）叮咬的茶，溶出速度会变慢。但六堡茶中的"龙珠"（又称虫屎茶），实为经过昆虫的再加工，浸出速度会很快。

茶 器 演 变

　　茶用器具，是茶饮及茶事活动中行茶之功能性的必要组成，对于烹点茶汤至关重要而与水的作用旗鼓相当,故有"水为茶之母,器为茶之父"之说。其含义在于:茶叶须借助于器的容纳和水的浸润才得以表现出它的色香味形。同时,茶器具还是行茶方式和茶事精神内涵的载体,一方面需要因茶而异、因事因地制宜地选择使用;另一方面其应能恰当而完整地表达主事者的心意,体现其茶学造诣、审美情趣和人文素养,即诚如陆羽《茶经》所言:"二十四器阙一,则茶废矣。"

唐代茶碾——法门寺皇家供养用器

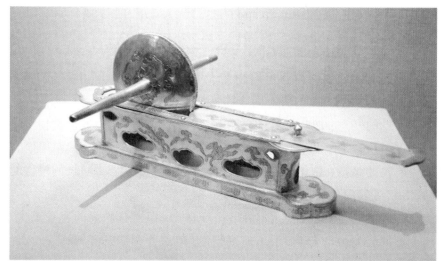

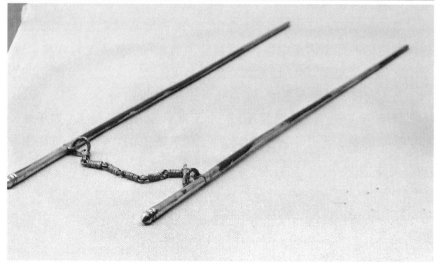

夹炭用银火筯——法门寺皇家供养用器

茶器形制相应于茶饮方式，由与其他饮食器具的通用，到功能独到、匠心独运的专用，其源流反映了功能与形式、法度与审美的表里关联和与时俱进。

由兼而专

茶饮用器从通用到专用，经历了一个相当长的历史时期。

早期的茶作药作粥作羹作汤，为药饮或日常饮食的主食或佐食组成，无论煎煮还是摄用都与其他中药炮制和厨餐用具不分。文史所载，如三国时期张揖《广雅》所记荆巴等地的"茗茶"，相关器具用于炙茶、捣末、盛茶末受汤（开水）再加葱姜等搅拌各环节，其中盛器和饮器并未分述而可能就是同一物。

直至魏晋，茶饮渐渐从饮食中分离、独立出来而成为一种用来品尝或款待的饮品，更缘于追求风度的人们把行茶品茗当作他们内在风流蕴藉的外在行为载体，并以"取式公刘"的方式表达了精神的向往、因茶汤本身的"焕如积雪、晔若春藪"而呈现美好观感，其对器物的要求从而逐渐明确。文史所载，有西晋左思《娇女诗》的"心为茶荈据，吹嘘对鼎铄"，《晋四王起事》的"惠帝蒙尘，还洛阳，黄门以瓦盂盛茶上至尊"和西晋杜育《荈赋》的"器择陶简，出自东瓯；酌之以匏，取式公刘"。

经隋而到唐代中期，茶饮用器终于形成体系化而在陆羽《茶经》"四之器"中表述为形制明确、符合实用功能需求又具有审美价值及蕴含茶学观念的二十四茶器。

唐代茶器

陆羽《茶经》"五之煮"所记行茶品茗，有备水、炙茶、末之、煮水、一沸放盐、二沸投茶、三沸回水、酌茶而饮等步骤。涉用与功能对应的二十四茶器如下：

备水：涉用漉水囊（配用绿油囊）、水方，计2件。

炙茶：涉用夹、纸囊、风炉（配用灰承），计3件。

末之：涉用碾（配用拂末）、罗合，计2件。

煮水：涉用风炉、筥、炭樋、火夹、釜、水方、瓢，计7件（其中风炉、水方2件与前重复）。

一沸放盐：涉用鹾簋（配用揭），计1件。

二沸投茶：涉用瓢、熟盂、竹夹、则、罗合，计5件（其中瓢、罗合2件与前重复）。

三沸回水：涉用熟盂，计1件（与前重复）。

酌茶而饮：涉用交床、瓢、碗，计3件（其中瓢与前重复）。

其他：贮存用器有畲、具列（都篮与其功能相同），清洁用器有札、涤方、滓方、巾，计5件。

唐代宫廷行茶品茗用器，在陕西扶风法门寺地宫出土文物中自成一组而以银、瓷为主要材质，如鎏金天马流云纹壶门座茶碾、鎏金仙人驭鹤壶门座茶罗、鎏金蔓草纹长柄茶匙、火箸、秘色茶碗以及当时可能比较稀罕的琉璃材质的盏与托。

宋代茶器

北宋蔡襄《茶录》所记行茶，有炙茶、碾茶、罗茶、候汤、燲盏、点茶等步骤，各步骤的相关茶器，现以南宋末期谂安老人《茶具图赞》为主要依据，将其分述如下：

炙茶：涉用焙笼，即"韦鸿胪"（形制见图，下同）。蔡襄《茶录》描写"茶焙"为："编竹为之，裹以箬叶。盖其上，以收火也；隔其中，以有容也。纳火其下去茶尺许，常温温然，所以养茶色香味也。"

碾茶：涉用砧椎即"木待制"，茶碾即"金法曹"，茶磨即"石转运"，棕丝制成的掸末用刷即"宗从事"。蔡襄《茶录》描写"砧椎"为："盖以碎茶。砧以木为之，椎或金或铁，取于便用"，"茶碾"为："以银或铁为之。黄金性柔，铜及喻石皆能生铊，不入用"。

罗茶：涉用茶筛即"罗枢密"。蔡襄《茶录》描写"茶罗"为："以绝细为佳。罗底用蜀东川鹅溪画绢之密者，投汤中揉洗以幂之。"

候汤：涉用水瓢即"胡员外"，汤瓶即"汤提点"，另有急须即侧握把的陶质水铫和燎炉。蔡襄《茶录》描写"汤瓶"为："瓶要小者，易候

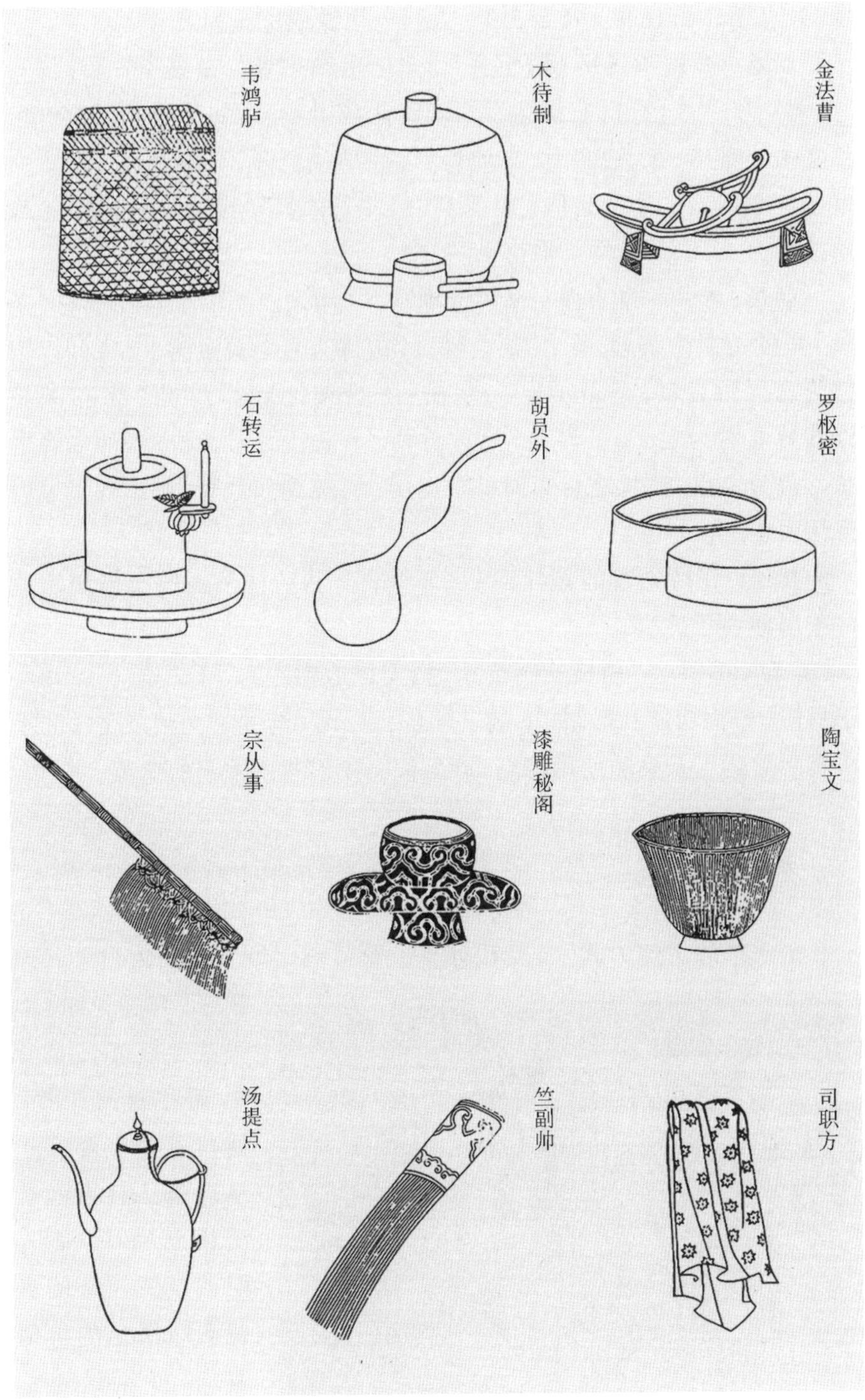

韦鸿胪

木待制

金法曹

石转运

胡员外

罗枢密

宗从事

漆雕秘阁

陶宝文

汤提点

竺副帅

司职方

南宋谂安老人《茶具图赞》图

97

汤,又点茶注汤有准。黄金为上,人间以银铁或瓷石为之。"

熁盏:涉用茶盏即"陶宝文",多选黑釉建盏。蔡襄《茶录》描写"茶盏"为:"茶色白,宜黑盏。建安所造者绀黑,纹如兔毫,其坯微厚,熁之久热难冷,最为要用。出他处者,或薄或色紫,皆不及也。其青白盏,斗试家自不用。"赵佶《大观茶论》描写"盏":"盏色贵青黑,玉毫条达者为上,取其焕发茶采色也。"

点茶:涉用汤瓶和茶筅即"竺副帅"。用来点茶的茶器在蔡襄《茶录》里的记载为茶匙,即:"茶匙要重,击拂有力。黄金为上,人间以银铁为之。竹者轻,建茶不取。"赵佶《大观茶论》描写"筅"为:"茶筅以筯竹老者为之,身欲厚重,筅欲疏劲,本欲壮而未必眇,当如剑脊之状。盖身厚重,则操之有力而易于运用;筅疏劲如剑脊,则击拂虽过而浮沫不生。"

其他:托持茶盏的盏托即"漆雕秘阁"和清拭茶器的布帛制品或曰茶巾即"司职方"。

《茶具图赞》以白描绘制茶具,拟人化地称之为"十二先生",相应于材质、器物功能和形制,来赋以姓名、字、号,配的赞文则以文学的手法实际叙述了茶具的使用特点,堪为茶文化形式艺术化的典范。

明清茶器

在饮茶的主流方式上,元代处于一个过渡时期。到明太祖朱元璋诏令"罢造龙团,惟采茶芽以进",茶叶主流形制的改换,使行茶的主要方式从点茶法转为泡茶法得到确认;而人们饮茶关注茶的真香本味原色的价值取向,使得景瓷宜陶的茶器组合成为

明代王问《煮茶图》中有隐逸之气的竹炉

行茶主导也渐为经典。总体来说，明代茶器趋于简约而返璞归真，众多茶著对茶器也有述及；清代，则多随明制而工艺精细、材质多样、品种丰富。

1. 明代茶器

文震亨《长物志》论煮水茶器："茶炉，有姜铸铜饕餮兽面火炉及纯素者，有铜铸如鼎彝者，皆可用。汤瓶，铅者为上，锡者次之，铜者不可用。形如竹筒者，既不漏火，又易点注；瓷瓶虽不夺汤气，然不适用，亦不雅观。"

许次纾《茶疏》论贮茶器："收藏宜用瓷瓮，大容一二十斤，四围厚著，中则贮茶，须极燥极新。"

紫砂陶器的历史可以追溯到宋代，但用于泡茶则自明始，宜兴紫砂壶概为魁首。冯可宾《岕茶笺》论壶容量："茶壶以小为贵"，周高起《阳羡茗壶系》则更为道出缘由："壶供真茶，正在新泉活水，旋瀹旋吸，以尽色声香味之蕴。故壶宜小不宜大，宜浅不宜深，壶盖宜盎不宜低。"

总体而言，紫砂壶因特殊的双气孔结构，既利于孕发滋味又不闷坏茶香，造型多样而摩挲可玩、适于镌刻书画而意味耐品，几为爱茶者必备的泡茶利器。

2. 清代茶器

因茶饮主流方式的延续至今，现

明代吴经墓出土海棠提梁大壶

清乾隆三清茶诗茶盏

盛汤后看似不浅的若深杯（汪静宜供摄）

代行茶主茶器确为明清形制的承传而大同小异。

3. 紫砂概貌

紫砂制壶的肇始，可溯源于宜兴丁蜀镇西南山麓的金沙寺。明代周高起《阳羡茗壶系·创始篇》记载："金沙寺僧逸其名，闻之陶家云：僧闲静有致，习与陶缸瓮者处，抟其细土，加以澄练，捏筑为胎，规而圆之，刳使中空，踵傅口柄盖的，附陶穴烧成，人遂传用。"

明正德年间，随吴颐山进士于金沙寺伴读的家僮供春，闲暇时学金沙寺僧制壶，并在壶把刻篆"供春"二字，留下可考的物证而被公认为紫砂壶鼻祖。由此开始，一脉相承延续到时大彬、陈鸣远，再到一代大师陈鸿寿与杨氏兄妹合作，使紫砂壶与文人翰墨结合而散发风雅的人文气息。文雅之士的直接参与制作，壶坯作纸，刀刻为绘，让实用紫砂器彰显出耐人寻味的艺术表现力。这样的紫砂文人壶，经邵大亨至晚清玉成窑而蔚为大观。

明末清初，时大彬（位列紫砂"明四家"的时朋之子）早年制大壶，作日用器而工艺粗糙。游历娄东后，他与陈继儒等文人相交甚密，深受"品茶施茶之论"影响而改制小壶，由粗而精，使紫砂壶更适合文人饮茶习性，并确立至今紫砂业沿袭的用泥片和镶接凭空成型的技术体系。陈继儒在其《茶董小序》表明："自谓独饮得茶神，两三人得茶趣，七八人乃施茶耳"，正与同时代的冯可宾在《岕茶笺》中论茶具所述

供春树瘿壶（陆全明供图）

时大彬圈钮壶（陆全明供图）

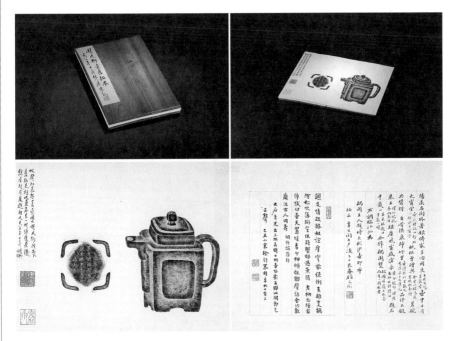

时大彬汉方壶搨片（陆全明供图）

"或问茶壶毕竟宜大宜小？茶壶以小为贵，每一客，壶一把，任其自斟自饮，方为得趣"的看法相合。可见，紫砂壶形制容量由大改小的转折，在明清之际由时大彬完成，实为那个时代的茶饮尤其是文人品茶的观念所致。

清康熙年间，出身国子监太学生的紫砂名家陈鸣远，眼界非凡，开创壶体镌刻诗铭之风，刻铭和印章并用于署款，使茗壶氤氲书卷气，上承明代精粹，下启清代新局，博得与前辈大师共享"宫中艳说大彬壶，海外竞求鸣远碟"的美誉。

陈鸣远南瓜壶（陆全明供图）

至清乾隆、嘉庆年间，"西泠八家"之一陈鸿寿，工文学、书画、篆

曼生提梁石瓢壶（陆全明供图）

刻，与杨彭年、杨凤年兄妹合作制壶，人称其壶曼生壶，至曼生壶，紫砂壶才完全摆脱"匠"气而升至大雅，能够承载拥有的全部审美意味，堪谓器以载道，从而奠定文人紫砂壶的业界地位。以其提梁石瓢壶为例，盖印"彭年"，底印"阿曼陀室"，铭文："煮百石，泛绿云，一瓢细酌邀桐君。曼铭。"铭文与壶形相映成趣，切壶切景，拙而不俗，用其泡茶，赏得真香本味之外，别有文人雅玩之韵，物质与精神契合完美。

清道光、咸丰时，宜兴制壶名手邵大亨后，作为文人紫砂壶的绝唱玉成窑，主持人梅调鼎（赧翁）也是玉成窑的发起者，其书法被赞"清二百六十年中，论高逸无出其右者"。玉成窑不仅限于紫砂窑口，更是一个由书画篆刻家领衔，制壶名手、陶刻高手共同创作的团体。如书法大家任伯年、胡公寿、虚谷等，制壶名家何心舟、王东石，篆刻家徐三

玉成窑紫砂器（陆全明供图）

庚、陈山农等，制玉成窑茄形壶、心舟石瓢等。其上题刻"切题、切意、切茶"，系文人审美情趣在紫砂器上淋漓尽致的挥洒，字随壶传，承曼生之韵又自成一派，独具格调。

中国传统的诗书画印，在艺术意境美上已成为世界公认的审美体系。作为中国传统的紫砂艺术，它的体脉根植在中国传统文化土壤中，其审美表达自然摆脱不了中国传统美学的影响。"曼生壶"真正的审美价值，在于其意境美达到了天人合一的境界，一壶一铭，切茗切境，应器映情。缘于此，"文人壶"正是紫砂艺术人文内涵的集中体现，突显为一种艺术品格，至此，中国紫砂壶艺术的古代体系已完备形成。

紫砂壶在当代，也有创制于上海而颇具影响的作品问世，其中，出自"四海窑"的世博会创意壶和"金沙山房"的"海派文人壶"颇有影响。

独特的人文环境滋养出海派文化的多样性，海派文人壶既秉承了紫砂陶艺的共性，又树立起独特的文化个性。金沙山房出品的"振衣

振衣壶全形拓（陆全明供图）

许四海上海世博会紫砂壶之中国馆

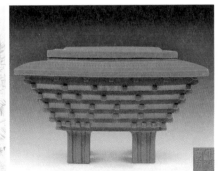

金沙山房振衣壶（陆全明供图）

壶"，壶体由紫砂艺术家设计制作，壶身一面由陈强绘画《东庄（振衣岗）》，另一面由陈佩秋题词《东庄》。《东庄图》是明代沈周所绘册页，有王文治、董其昌、张爰等题名题跋，画面景致或高旷明豁或深幽清雅。其墨色浓润、线条圆劲，画法严谨、设色秾丽，为沈氏传世佳作。

此壶借东庄（图）为名，壶身圆润开阔，有饱满大气之相；壶流为藕形，取其"长通"之趣，给出江南水乡意味。壶钮仿生橡果，取其长成于高树而有耐心和坚定的寓意；壶盖上有涟漪纹，反衬东庄内振衣岗。壶口内部与外藕形曲处对应弯曲，出水激荡流畅。

泥料用降坡泥，原矿因含段泥、红泥、紫泥等诸多共生矿。成陶之后，于深沉之"橙红色"底上，满布五彩斑斓的粗细、深浅之红、黄星斑点。砂土气重，日久使用，渐显明锐，养成变化大而温润庄重。

整把壶放在手中摩挲，圆润可人，玩赏之间，似乎江南风土和人文情怀尽在掌上。

当代茶器

1. 茶器体系

当代行茶以冲泡（也称散茶瀹饮）为主流，所涉茶器的骨干，功能分别为贮茶、煮水、冲泡、品茗。以某地茶艺师培训选配组合为例，以下试说明各种茶器的主要特点及用途。

（1）盖瓯

盖瓯，常称盖碗（杯）、倒钟杯、马蹄杯、三才杯，由瓯盖、杯身、盏托组成，以瓷质居多。

饮茶器带盏托，见于文史较早的，是属于考据辨证类笔记的唐代李匡乂《资暇集》所载："茶托子，始建中蜀相崔宁之女，以茶杯无衬，病其熨指，取楪子承之。既啜而杯倾，乃以蜡环楪子之央，其杯遂定。即命工匠以漆代蜡环，进于蜀相。蜀相奇之，为制名而话于宾亲，人人为便，用于当代。是后传者更环其底，愈新其制，以至百状焉。"茶托子即盏托，其用途从开始就是用来承载茶盏即杯身或称茶碗以防烫手的，后因其形似舟，故又名茶船或茶舟，如清代寂园叟《匋（陶）雅》中提到："盏托，谓之茶船，明制如船，康雍小酒盏则托作圆形而不空其中。宋窑则空中矣，略如今制而颇朴拙也。"在宋代，谂安老人《茶具图赞》里又以"漆雕秘阁"来雅称，因端持有度，确实有助于仪式感的呈现。

盖瓯有盏托而方便手持，又因有盖而利于茶叶的孕香发味并保留香气于内，故而用来冲泡以茶味花香见长的花茶或需要闷蕴出味的黄山毛峰和催发花朵的杞菊延年茶，颇为实用也方便直接饮用。又因瓷瓯多青花和粉彩，形制美观而可鉴赏，使用时宜盖、身、托三者的纹样对齐，并以正面对客，为礼仪周详的必要。

在冲泡要领方面，烫瓯出水入盂时应尽淋于瓯盖内面使之升温。不同茶品上，茉莉花茶需92～95℃高温水以催发花香，且茶坯经反复窨制和干燥已实有部分包含发酵在内的物质转化，因而不易产生熟泡气且因高温溶出更多胶质而茶汤明亮；黄山毛峰需用90～92℃较高温水浸润，因其揉捻轻、细胞壁破碎率较低而不易吸水溶出有效内含物，续以回盖稍闷且葆香，继而定点高冲使茶汤有效翻滚而充分舒展茶叶、均匀上下茶汤浓度；杞菊延年茶需90℃较高水温浸润黄山云雾、三杯香等炒青绿茶和枸杞，使之出味发香，随即定点高冲使绿茶与枸杞有效翻滚，再摆入杭白菊（通常为2朵）后回盖，使菊花较快吸水舒展发香。

冲泡与品饮功能兼顾的盖瓯

器具操作上，在备具时注意瓯盖翻正，及烫瓯、冲泡后的回盖，注意勿使太正而宜稍微倾斜以避免"吸住"，幅度以合上盖后不"张口"为宜。

用盖瓯来品茶，则以左手持托来端稳，先以瓯盖拨拂汤面，举盖近鼻以闻香，回盖留缝，倾斜瓯身而饮。

仅用来冲泡的盖瓯，容量100～150毫升许居多，器型宜选择口沿外翻弧度较大者，既便于拿取又不烫手，简化的潮式乌龙茶艺即用此形制。

潮州产的砂铫，古称"急须"（汪静宜供图）

潮式乌龙茶茶艺配器与备具

（2）玻璃杯

玻璃杯非传统茶具，因其透明、便于观赏茶汤色泽和芽叶状况，又因散热快、不易产生熟汤气而多用来冲泡绿茶。

因冲泡后直接用以品饮，通常选用广口，故而200毫升的古典玻璃杯较为适合；而玻璃葡萄酒杯因底凹而利于茶朵坐稳，故用来冲泡工艺花茶。

绿茶茶艺冲泡按投茶先后有上投、中投、下投三法。

① 上投法

碧螺春一类，揉捻程度高而条索重实，茸毫经搓团显毫、多有脱离芽叶而簇拢，芽叶细嫩而不宜受强烈冲击且水温要求相对温和（通常为85℃许），可采用上投法。

其操作方法是，烫杯后直接斟水至杯容量的七分满，用茶则量取干茶，以其他手指持稳而以食指轻敲，形成茶叶撒而飘落时纷纷扬扬的观感。

上投法的要领，一是注水时常以细流高斟的手法以达到一定的降温效果，二是投茶时不宜一倾而尽而失去飘洒的趣味。

② 中投法

都匀毛尖一类，制茶法及原料

主要用于泡饮绿茶的玻璃古典杯

嫩度、多毫程度与碧螺春相仿，也不宜受强烈冲击。采用中投法，可以确认的益处是使茶汤浓度上下较为均匀。

其操作方法是，烫杯后直接斟水至杯容量七分满的2/3，用茶则量取干茶投入，再沿壁轻注至七分满即可。从茶汤冲泡效果来看，中投法与上投法相仿，而其茶汤浓度因投茶后添注而上下更匀。就适用而言，可以采用上投法的茶品，也可采用中投法。

中投法的要领，主要在于投茶后的斟水，勿使剧烈翻动茶芽以免搅浑茶汤。

③ 下投法

其适用的代表性茶品如龙井茶。

就冲泡过程而言，其含义为茶叶在注水之前投入，则各种茶类的茶品冲泡多为下投法；但实际上，该方法多只用于称谓以玻璃杯冲泡的绿茶茶艺，以区别于上投法和中投法。

其操作方法是，烫杯后先投茶，之后以杯容量1/3～1/4的开水来润茶，茶叶润开后再以凤凰三点头或定点高冲的手法冲泡，可以让茶叶较为充分地舒展开来，而色香味也同时达到适于品饮的程度。

下投法的要领，在于润茶时的水温和水量。其所选回旋斟水的手法若运用得当，可使所有茶叶得到均匀浸润。

投茶先后的分别在明代就有记载，如张源《茶录》所述："投茶有序,毋失其宜。先茶后汤曰下投;汤半下茶,复以汤满,曰中投;先汤后茶曰上投。"但彼时投法选择主要缘于季节,即主要取决于气候所致环境的温湿度,做法是"春秋中投,夏上投,冬下投"。

④ 工艺花茶茶艺

其为特殊工艺扎制的花茶,以茶叶和可食用花卉为原料,且名称寓意吉祥美好。

其操作方法是,先用茶荷润茶,再置杯中润茶,最后斟水冲泡。

工艺花茶冲泡要领,在于茶荷润茶时须水温够高而尽可能浸没茶朵且时间充分,杯中润茶时斟水稳定,冲泡时运用水流有效调整茶朵姿态使之舒展而尽可能端正。

工艺花茶布具

（3）紫砂壶

紫砂壶具,自明代开始即为茶叶主要冲泡器具,江苏宜兴丁蜀镇为其中心产地,也以阳羡、荆溪为名。

烧制紫砂壶的原料,是通常深藏于岩石层下且分布于甲泥的泥层之间的矿泥。上海硅酸盐研究所对紫砂矿泥所做的岩相分析表明,紫砂黄泥属高岭-石英-云母类型,含铁量很高。紫砂壶烧制成于高氧高温状况,烧制温度在 1 100～1 200℃。紫砂原料有紫泥、绿泥和红泥三种,俗称"富贵土"。

李渔《闲情偶记》也说:"茗注莫妙于砂,壶之精者,又莫过于阳羡。"

总括来说,紫砂壶有五大特点:

① 制器用泥经过澄练,烧成后具有双重气孔结构,孔径微细,密度高。明代文震亨《长物志》载:"茶壶以砂者为上,盖既不夺香,又无熟汤气。"即用紫砂壶沏茶,不失原味且香不涣散,得茶之真香本味。

② 透气性能好,用来泡茶不易变味,夏日隔夜不馊。

③ 便于洗涤。久置不用,可以开水烫泡两三遍或满贮沸水立刻倾出,再浸入冷水中冲洗,即可复原,泡茶仍得本味。

④ 冷热急变适应性强。寒冬腊月,注入沸水,不因温度骤变而胀裂;其砂质传热缓慢,无论提抚握拿均不烫手;且耐烧,文火烹烧,不易爆裂。当年苏东坡用紫砂陶提梁壶烹水点茶,有"松风竹炉,提壶相呼"之句。

⑤ 紫砂使用越久,壶身色泽越发光亮照人,气韵温雅。紫砂壶长久使用,器身会因抚摸擦拭,变得越发光润可爱,所以闻龙在《茶笺》中说:"摩掌宝爱,不啻掌珠。用之既久,外类紫玉,内如碧云。"但"内如碧云"应是泡茶后对茶垢不加洗涤所致,不利健康而不足取。

乌龙茶茶艺中的闽式和台式,均以容量100毫升许的紫砂小壶冲泡,并配用3个品茗杯。乌龙茶冲泡的一般要求,是冲泡次数多所谓"七泡有余香"、水温高而通常选用沸水、浸泡时间短以至从冲入到出汤尽有计仅数十秒者,其香气、滋味并重的品鉴特点又要求高温时间不宜长以免"闷"损香韵。故而,容量小、壶壁薄、出汤顺畅为冲泡乌龙茶之紫砂壶之选择的通常考量。

品饮而言,品茗杯宜内白釉无纹样的高温瓷质为宜,其中,尤以潮州工夫茶传统的若深杯最为适配,容量小、壁薄釉白、唇口深底。若用紫砂或其他陶质杯,也宜选择内搪白釉者。

茶艺师培训中的闽式乌龙茶艺,采用一壶三杯的紫砂组合。操作时,持壶的手指配合须合理才能稳当,通常以拇指、中指对夹壶柄并抵以无名指,食指抵盖(钮)。俗称"狮子滚绣球"的烫杯操作,用中指抵杯底作轴、用拇指和食指近口沿夹杯以保持杯身的适当前倾姿态并提供其转滚的动力,滚动的杯提离底杯时应保持利于沥汤的倾斜度。

潮式乌龙茶艺,为选用一瓯三杯的瓷器组合,其为较简便的形式,考

紫砂小壶配三杯
的闽式乌龙茶艺
配器与布具

一壶一盅四杯配
置的普洱清饮茶
艺茶器

红茶清饮茶艺配
器（周小娟供图）

究者可配用潮州朱泥壶来替换瓷瓯。盖瓯容量为100毫升许，投茶5～6克（投茶量的多少相应于操作技艺的熟练与否，老练者可偏于多）；醒茶时刮沫淋盖需冲水至近满，正泡时冲水量够酌三杯即可，也可免于熨指。

台式乌龙茶艺，为一壶一盅和闻品杯的组合。操作时，烫壶后投茶冲泡以醒茶，茶汤出壶入盅再出盅入闻香杯；正泡后，闻香杯提离品茗杯时转腕捻指以使两杯口沿相触、"刮"去汤滴。因茶盅配用滤网，正泡时出汤入盅已使浓度均匀，故而要求酌茶入闻杯需一次完成，不应反复。品闻杯组有长形杯托，若有字，需在奉茶时使受奉者所见为正，这样的礼仪呈现，需要在备具、布具、端盘方位和奉茶时都注意到才能达成，也正是茶艺师技能的细节要求。

普洱清饮的冲泡，为一壶一盅四杯的组合。选用容量200毫升的紫砂秦权壶，内搪白釉的50毫升品茗杯4个；若壶容量大于200毫升，也宜当作200毫升等容量使用，冲泡时若八分满则为160毫升，所得茶汤足够用来分至4杯到七分满的量，按容量计算需140毫升。

同为黑茶的天尖清饮冲泡，茶具配置略同普洱茶艺，仅秦权壶换为容量相近的球形壶。

（4）瓷壶

瓷质茶壶，益于孕香而洗后不滞留香气滋味，适于一壶冲泡不同茶品。

正山小种清饮茶艺，选用280毫升容量的美人肩白瓷壶，配用4个80毫升容量的白瓷品茗杯。按容量计，冲泡时需八分满许即230毫升的水，才可酌分4杯至七分满合计约220毫升。

黄大茶清饮茶艺，选用约300毫升容量筒型青花瓷壶，配用5个约70毫升容量青花瓷杯。按容量计，冲泡时需八分满许即240毫升的水，才够酌分5杯至七分满合计约240毫升。

尤需留意的，是品茗杯的七分满目测常近于八分，所以会有七八分满之说，实为缘于

瓷壶配5杯的黄大茶清饮主茶器（诸葛少峰供摄）

视觉误差所致。在壶中所泡茶汤品质形成后，巡回分茶方法的正确而准确地合理运用，为杯中茶汤结果之均匀的关键。技能鉴定时，只冲泡一道茶汤，会有分茶后留有剩余茶汤多至小半壶的现象，其多出于冲泡时水量的过多而实不可取，且为茶艺技能的敷衍做法，不足取更不可取。

（5）如意壶

如意壶为时尚茶饮所用，多用于调饮冲泡方式。其带过滤功能的内胆，用于投放茶叶，冲水后茶汁可以浸出，出汤时茶渣却可留在胆内而无跟出之忧。

用如意壶冲泡柠檬红茶，茶汤要达到滋味平衡、浓度均匀之结果的两大关键，除了红茶冲泡的三要素把握之外，无疑为用热茶汤冲击融

瓷壶瓷盅（木耳供摄）

如意壶冲泡柠檬红茶的器具配置

化方糖的手法和巡回分茶时来回酌入之茶汤量的控制。茶艺师技能要求，分茶只可一个来回，有反复则判不合格，故而一边酌入一边观察杯中糖块、茶汤量和浓度的变化，为调控的依据，也是调控的实施过程。

用来冲泡牛奶红茶，其茶汤浓度颇为重要。通常，分茶于直身玻璃高杯时，先在杯底投方糖再倒入牛奶。牛奶的量以恰好浸没方糖为宜也方便把握，但投入的方糖有平躺和仄立的不同，牛奶浸没平躺位的方糖，茶汤容易奶味不足；牛奶浸没仄立位的方糖，茶汤可能茶味稍欠。奶味明确又茶味饱满，则需红茶冲泡时茶叶投量、冲泡水温、浸泡时间的把握，颇有要素调控的可推敲之处。

如意壶的一个特殊用法，是冲泡冰茶时，内胆盛装冰块，将已泡好的约双倍浓茶汤淋于冰块俗称"过冰山"。流经冰块的茶汤，自身被降温叠加冰块融化成的冷水，混合之后温度更低。冲泡程序和要素控制合理的茶汤，既有滋味明确的浓度和香气，又有凉爽冷冽的口感，而酌入玻璃杯后，可见杯身凝结水汽，颇适于暑天饮用。

（6）煮水器

自茶艺表演开创时期起，煮水器的迭代从未中断。

最早引用的铁架炉内置酒精灯配置提梁玻璃壶，现已鲜见，但在无电源的地方仍不失为解决泡茶用水加热的有效途径。电加热底盘与不锈钢水壶的一体化设计，第一代泛称随手泡，其出现极大地推动了茶艺用水加热的便利并因此获得极为广泛的应用。发展至今，这种壶、炉一

水沸无声的"随手泡"（张若曦供图）

按需控温的"随手泡"

体的煮水器,已有水沸时几近无声和按需控温的设计与制作工艺,为茶人所喜而可方便运用于有所要求或限制的不同场合。逐渐出现而并行发展的,为加热装置与水壶分开的电磁炉、电陶炉和古已有之今人沿用的烧炭泥炉以及砂铫为代表的陶壶、铁壶、银壶以至虽不多用但确有所见的铜壶、锡壶和金壶。

随着可支配收入的增长,贵金属水壶尤其以银为材质制作者,渐为瀹茶者所青睐。

陆羽《茶经》"四之器"中认为,以银为茶器,既雅又洁。制作银壶所用材料的纯度,以92.5%为界限,925纯银为国际标准,也是日本手工银壶的标准。银的提纯,已可达到99.999%;纯度越高,质地越软,用来做壶烧出的水口感越好,但因其软而制作工艺也更难。

目前国内银壶生产,以云南的纯手工制作、福建的纯机压、京冀的半手工制作为主,其中河北兰阳为传承有绪的皇家传统工艺,其有捶揲、錾刻、镂空、累丝、镶嵌、错金银、焊接等完整工序。而即便是纯手工银壶,制作中也存在不同部位和角度的焊接;同时,银的延展度和硬度会因纯度而不同、因工艺而改变。

选用上,容量、器型应考虑使用的要求,也会受到个人审美喜好的影响。使用上,银壶导热好,若水刚烧开就用尽并倒入冷水,瞬间的温度骤变易致壶嘴变形。适当的方式,可以是每次最多倒出2/3的热水,在添补2/3的冷水。

银壶煮水可以软化水质,泡茶除可提香降涩外,还可充分激活茶叶内含物质,提升其耐泡程度,老银壶则煮水如绢,所泡出茶汤更为顺滑。

银器水养切花,因其杀菌作用而既无虫害又延长观赏期;用来贮盛饮食,有保鲜和增加祛湿效能。

河北兰阳的半手工精工银壶（庄容供图）

银壶煮水,宜用电陶炉、环

保油炉、炭炉而以炭烧为佳。银的熔点约为961℃,天然气燃烧温度可达2 300℃,一旦水烧干则后果不堪。日常使用中,用后需烘干或擦干;有污渍或烟痕,应以软布擦拭去除。银壶在刚开始使用的一两年中,若出现水迹需及时以专用软布擦干,擦洗不净时可借助牙膏,直至养出包浆。银壶形成以表面氧化为主的"包浆"后,水迹污渍不留;其若长期不用,宜保存于密闭包装,或定期送到专业店做养护。

银壶的选择,在容量上符合冲泡的需要,款式与工艺则各美入各眼。

（7）茶巾和茶棨

唐代陆羽《茶经》称为"巾",用粗绸制成;宋代谂安老人《茶具图赞》称为"司职方",用布帛制成,都用作擦拭茶具。现在的茶巾,则主要用来擦拭泡茶过程中残留在茶具外壁或滴落在泡茶台的水,质地多为棉麻。就使用要求而言,宜选择吸水性好的,色彩纹样则按需配置,以适用于茶席或场合,通常,素色而针脚细致者更宜。

茶棨,陆羽《茶经》解释为锥刀,唐代用来给茶饼穿孔,现代用来解开饼、砖、沱等各种形状的紧压茶。茶器材质有金属、牛角、兽骨等,以不锈钢居多,但实际使用的趁手高效则既取决于用者的熟练程度也受制于形制的合理性。形制设计符合人体工程学原理以便手握使力、制作精良的茶棨,解茶碎屑可以少到几乎没有的程度。

素色而针脚细致的茶巾（猿抱子供摄）　　方便手握使力和解茶的茶棨（黄敏聪供图）

（8）茶匙组合与盏托杯垫

茶匙组合称法多样,有"六君子""茶道六用"甚至直呼"茶道"的。其作为辅助用具,由茶筒（或称茶瓶）归拢茶则、茶拨、茶夹、茶

茶荷与茶拨（缪俊彦供图）

茶匙组合

漏、茶针等。其中，茶则用来量取茶叶，茶拨用来拨茶入器，茶夹用来烫杯和挂置茶漏，茶漏用来扩大壶口以方便投茶，茶针用来疏通壶嘴但因制壶工艺的改变已很少用得上。

茶匙组合的简化形式，为茶荷配用茶拨。

2. 评茶器具

对茶品的鉴别及对茶性的把握，途径之一而非唯一的是茶叶审评方法。茶叶审评的基本方法，是以规范的设备器具、流程和操作步骤，以对照样为参考，得出审评对象的品质特征和高低。茶叶审评对人的

标准审评杯碗之通用型（吴佳娜供图）　　　标准审评杯碗之倒钟形（吴佳娜供图）

感官有一定的要求，然而，感官未达一定灵敏度的人，虽未必适合专业评茶，却依然能够享用茶汤的色香味形。

茶 会 与 茶 席

茶会（雅集）是以品茗为契机之人类聚集活动，是知茗得趣的人们之情兴才艺得以舒展于时空的一种殊胜。其选择与空间的布设，为这种殊胜之氛围与格调形成的必要前提。

见于文字的最早茶会，为西晋杜育《荈赋》的记载，他"结偶同旅"到岷山，以"是采是求"的方式举办一次茶聚，且对水、器物乃至于过程都有选择有要求以至于形成了一定的仪式感。

东晋有桓温缘于"性俭"，每次设宴都只是"下七奠柈，茶果而已"；陆纳也常以"所设惟茶果而已"来维护其"素业"，而形式上，两者都可看作为茶聚。台北故宫博物院所藏唐佚名《宫乐图》，描绘的则是宫中仕女的茶聚，画中12人，除两女侍立，其余均围坐大桌，或行令或正用茶点，或团扇轻摇或饮茶演乐，意态悠然而自娱自乐。至于唐代李郢《茶山贡焙歌》所写"十日王程路四千"要赶上的宫廷"清明宴"，则所涉文字并未确示以茶为主而仅表明春日明前茶在该宴会上的不可或缺，难以判断其为茶宴或茶会。

唐代白居易《夜闻贾常州、崔湖州茶山境会亭欢宴》则确为茶会，且其中提及在宋代颇为盛行的斗茶之缘由。诗云："遥闻境会茶山夜，珠翠歌钟俱绕身。盘下中分两州界，灯前各作一家春。青娥递舞应争妙，紫笋齐尝各斗新。自叹花时北窗下，蒲黄酒对病眠人。"

宋代颇为著名甚至对日本茶道形式有确凿影响的"径山茶宴"，则是僧团集体修行的一种样式，系禅门清规和饮茶礼仪的结合而各得其所。据记载，径山茶宴的程序和教仪，按序为献茶、闻香、观色、尝味、瀹茶、叙谊。其中，先由住持法师亲自调瀹香茗供佛，以表敬意；尔后命近侍一一奉献给赴宴者品饮，这便是献茶；僧客接茶后，先打开碗盖闻香，再举碗观色，接着才是细细品尝；一旦茶过三巡，便开始品评茶色、茶香，称赞主人品行；最后，论佛诵经，谈事叙旧。其对日本茶文化

佚名《宫乐图》

赵佶《文会图》
（局部）

文徵明《惠山茶
会图》（局部）

的影响,则见载于日本18世纪江户中期的《类聚名物考》:"茶宴之起,正元年中,筑前国崇福寺开山南浦绍明,入唐时宋世也,到径山寺谒虚堂,而传其法而皈",其成书与记载事务相隔约五百年,姑且存此一说而确否待考。赵佶《文会图》则堪为宫廷茶宴的再现,其中巨榻前小桌摆设及器物,得以让今人对宋代的行茶有既视般的了解。

明代文徵明《惠山茶会图》描绘的是清明时节,作者偕友在惠山泉边饮茶作文的聚会情景。画中文士置身于青山绿水间,或三两交流,或倚栏凝思,身旁茶桌、茶具一应俱全,风炉煮着水,侍童备着茶,一派悠闲自得的神情。惠山茶会,多由惠山寺住持普真邀约,所用竹炉由湖州竹工编织,其高不盈尺,上圆下方,以喻天圆地方。普真汲泉煮茶来款待四方雅士,所举办的正是竹炉茶会或诗会。

清乾隆时期的三清茶宴择日举办于每年的正月初二至初十间,由乾隆钦点能诗的大臣参加。茶宴的主要内容是饮茶作诗,每次举行前,宫内都会择一宫廷时事为主题,群臣们则是边品饮香茗,边联句吟咏。流传至今可藉以了解"三清茶"的文字,则以乾隆《三清茶诗》为著。

茶会的溯源

茶会之源可能多个,理出其中一脉,俾使我们能够把握其作为此种聚会形式的特点之缘由。

《论语》记载,孔子有一次询问学生的个人志趣,曾皙的回答是:"莫春者,春服既成,冠者五六人,童子六七人,浴乎沂、风乎舞雩,咏而归。"他所描述的,其实是上古即有的举行于三月三的祓禊活动——人们到水边,洗濯去垢以消除不祥,通常伴随饮酒和穿着新衣服,可能还会吟咏舞蹈。

东晋永和九年(353)的三月三,王羲之和谢安等四十多位亲友,在绍兴兰亭举办修禊事,沿溪流上下坐开,端取自上游放下的盛酒耳杯,饮一杯酒作一首诗,即"一觞一咏"。身处山水之中有感而发的诗文誊订成集,由书圣叙述诗集的缘由就成了天下第一行书《兰亭(集)序》。

到中唐某年的三月三,吕温和同为才子的两三位宾朋,"拨花砌、憩庭阴","卧指青霭、坐攀香枝",作悠闲而"微觉清思"的"尘外之赏"。

这一天，他们"以茶酌而代焉"，即以茶代酒。花砌和庭阴，表明他们是在庭园中，随意甚至有些散漫地躺卧或倚坐，指点着青天的云霭或是攀拉开着香花的树枝，"闲莺"趋近茶席却不飞离，"红蕊"碰触到衣裳也不散落。这种种情形，呈现的正是春来时万物舒展且天人和谐那种意兴的自在。活动中也有诗作，编成诗集由吕温作序，就是《三月三日茶宴序》。从内容到形式以及相应的人文与美感呈现，无疑就是今日所称的"茶会（雅集）"。颇有意思的是，吕温文中提到了茶汤的"殷凝琥珀之色"，即汤色近黄褐且明亮而有厚度。

由上所叙的茶会渊源，可以看出这种活动方式有茶饮、有艺文，甚至不妨有吟咏、有歌舞。而迄今所见最早的以茶饮为主题的文学作品《荈赋》，其中有"器择陶简，出之东隅；酌之以匏，取式公刘"的文字，表明茶会也可以有一定的仪式感，即当今语言所谓"让这一刻有所不同"。

形式多样的茶聚

1. 郊社茶礼

前述一觞一咏和茶宴的流风余绪，如今已承传演绎成一种名为"郊社茶礼"的茶道仪式，其所着意表达的是对天地的敬畏和感恩、回归自然的赤诚和渴望，旨趣在于陶冶人与自然相和谐的情怀。

其举办的条件，是"环境优美，得天时、地利、人和"，在约三丈见方的场地，正中央置香案，四侧按东南西北的顺序摆布示意春夏秋冬的茶席，上铺青赤白黑的四色桌巾。其仪式流程为：献礼人员就位、献乐、敬香、敬馔、献茗、献颂、分馔、分茶、撤茗、撤馔、撤香、乐止、献礼人员退席撤馔、礼成14个环节。其设计的构思，是以献礼人员的按序行进来模拟曲水流觞的动态；按方位设置的四色茶席，示意天地四方；以献乐、敬香、敬馔、献茗和献颂，来表达祝愿与心意。

2. 斗茶得趣

宋代有小苏轼之称的唐庚，以《斗茶记》记叙了一次茶聚。当时的情形，是两三位同好中人，邀约在唐庚的书房作斗茶的游戏。主人提瓶汲取因离茶聚所在"无数十步"而"宜茶"的龙塘水煎而点之，鉴别出各人茶品的次第排列。

唐庚作文之意，在于对饮茶真义表述他的见解，即水贵活、茶贵新；更在于抒发他的感想，即其身处"流离迁徙之中"并"在田野"，能够"与诸公从容谈笑于此，汲泉煮茗，取一时之适"，正是一种随遇而安、知足常乐的心态。由此作出的，已然是一种悠游于闲情闲趣时因不计名利而得以从容应对人生处境的价值评判了。斗茶系俗，然而俗的活动及氛围若滋长的是身心的安适自在，则俗得其所。

无我茶会

茶聚的邀约，必有兴之所至的发起，然而主体内容的实施过程，却可以凭借事先的约定来按序行进，而不必尽然依赖主持人的掌控。其形式在某种意义上，是对自然节律的向往和模拟。在此，具有相当典范意义的，就是颇为茶人和饮茶爱好者认可的茶聚——无我茶会。无我茶会的基本形式，是"围成一圈，人人泡茶，人人奉茶，人人喝茶"（《无我茶会180条》），其英文名为Sans Self Tea Gathering，已为两年一次在世界各地举办的国际性茶事活动。

无我茶会有七大精神指向，然其并非玄想和思辨，而由举办的基本形式和特殊做法来体现和实践。

无我茶会的精神之一，是"无尊卑之分"，体现的特殊做法，是"抽签决定座位"：既然提倡茶事时空人人平等，那么现实社会中的论资排位就在此不通了，遂以抽签的随机方式由"天意"来决定。

精神之二，是"无报偿之心"，特殊做法是"依同一方向奉茶"：事先递达的《公告事项》

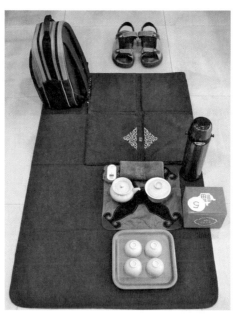

无我茶会的茶席布置

121

有明确约定，通常可能是向左边三位茶友即顺时针方向奉茶；而每个人所喝到的除了自己的一杯茶汤外，其余三杯来自右手方向的三位茶友。不执着于礼尚往来的一一对应，放下报偿和求报偿的心思，更专注于茶汤的品质而非人情的疏近。

精神之三，是"无好恶之心"，提倡"接纳、欣赏各种茶"，不带分别心地一一品鉴每杯奉到面前的茶汤；敞开的胸怀，是接纳"福分"的必要、交结善缘的前提，而良好心态的本身，已然益于身心的健康和修行的进程。

精神之四，是"求精进之心"，提倡"努力把茶泡好"，其契机在于喝茶时对茶汤色香味的细细品鉴：或浓或淡、或甘或苦、或润或涩的品质判断，殊可激励自己不断提升泡茶技艺的意向，渐进修成技艺来呈现茶道的境界。

精神之五，是"遵守公共约定"，特殊做法是"无需指挥与司仪"，按照报到时校对后的计时器为准，按约定一一做来：布席、观赏交流、泡茶、奉茶、喝茶、品茗后活动、收拾整理甚至合影留念。这是一种契约精神，也是人与人之间的互相尊重，还不无"无为而为"的哲理趣味。

精神之六，是"培养默契，体现团体律动之美"，提倡"席间不语"。相似于佛家修行时的"止语"，但不止于向内观照的静心状态，更关注彼此举手投足和神情礼仪的感应与协调，以及心心相印的美好契合；外在呈现的，则是自然流畅的一波波起承转合，如水面漾纹般地不着痕迹。

精神之七，是"无流派与地域之分"，提倡自行选择茶品、泡法及相应的茶用器具，即"泡茶方式不拘"，其自然会有纷呈的精彩却都源于茶的缘分和相通的心意而融洽和谐。

无我之"无"的基本含义，相似又不限于佛家一切来自于无又复归于无的事物缘起观念，更关注的是每次茶会的全新面貌和每位茶人的精进状态。简洁而明朗的象征性符号，就是会旗上的那个彩虹标志，因为作为自然现象的彩虹，其显现与消失的特点正是无中生有和复归于无。"无我"，该是懂得"无"的真髓的"我"们；茶会，正是邀约的修行、茶人的精进这样的一个聚会性质的契机。

茶乐对话

茶叶,主要因采制工艺的不同而形成其品质特点,在茶汤,则呈现出一种风格的差异。缘于此,色香味的殊相能够予人以丰富的感受,继而生发一种与人事与才情的对应关联。当文艺演绎即泛称为"乐"的视听之娱所呈现的面貌或说感观形象与茶品风格能够形成关联对应,即所谓异质同构时,交互激荡的"对话"形式就得以站得住脚。于是,就有一种茶会雅集的构建方式,称为"茶与乐的对话"。

一次茶会,选用茶品不宜多,概可为三,并在饮茶前后两次"品泉"而使过程完整。以某次举办于谷雨时节的茶会为例,来说明其选"茶"的用意以及与"乐"即演艺的节目之间对话的依据。

品泉,演奏的是广东音乐《平湖秋月》。轻松、愉快的乐声中,饮用清水来清口,也藉以去除人们当下的杂念,益于清净其意。

茶之首道,是在娓娓道来江南山水空间和春日林鸟翻翔的《鹧鸪飞》笛音与载歌载舞地演绎《牡丹亭》"游园惊梦"的少女情怀和生机苏醒中,泡酌西湖龙井。在器乐和昆曲的清扬中瀹品香茗,殊可咀嚼出青春年少的诗情生趣,人们似乎徜徉西湖而顾盼于湖堤的桃红柳绿、联翩于断桥的仙俗情缘,更惊艳于至性依恋的可死可生。

茶之二道,则在"力拔山兮气盖世,虞兮虞兮奈若何"的琵琶曲《霸王卸甲》中、在诗仙李白《饯别》"弃我去者,昨日之日不可留;乱我心者,今日之日多烦忧"句的吟诵中,泡酌台湾木栅铁观音。沉着苍劲又甘苦相成的汤味风格,像是在叙说人的生涯,可能受降大任或未必铁肩担得道义,心志之苦和筋骨之劳却不可蠲免。而人际离别,从跌宕的言语中,可以听出弃我的昨日和乱我的今日,看到酒酣高楼时秋雁南飞的长风万里和慷慨激昂后扁舟散发的率性自遣。

茶之三道,为陈年普洱。其因采制工艺和存放转化而致风味多变,呈现常为人们津津乐道之随岁月而增长的沧桑感;其佳品,是陈韵醇厚却汤色叶底呈现活泼生意。郑板桥《道情》的唱诵,恍然月上东山、炉火通红时,渔翁的扁舟往来和头陀的打坐煮茶,有如此平凡之日常生活中的真实禅心。箫筝对话的《清明上河图》,若置听者于黄卷古画,映现出汴梁虹桥和城廓屋庐、马牛驴驼和舟车人物,是昨日繁华的历史情境。阿炳的《二泉映月》，琴随意动、音自心出，递解人世浮沉、生命轮转的悠悠感慨。当你徘徊于天光云影、徜徉于山水闹市，独坐于月下泉旁、怀想于人间世相，殊可自在不改，且煮水，且点茶。

三道茶后的再次品泉，舞台渐起筝曲《高山流水》的乐音，藉以回味"空白之美"——让茶人和嘉宾一同寻味于相知相悉的山水之谊，以及整个茶会过程中共有的欢欣与感叹。

在禅、茶、乐的对话中，庙宇的清净、节目的演绎以及茶席的摆置、茶品的冲瀹，更有主持人以知识、见解和一击必中的禅家语言在人文历史和当下心境中穿越折返与拈提点拨，一起形成品茗的"环境"和景象，引领着茶饮的心绪和情怀。各人的感应、领悟或许仁智各见，然而茶聚形式的独特诚为别开生面。

因事而设席

茶席设计，实为行茶品茗之条件的创立、环境的摆布、氛围的营造，运用于茶会雅集，则为活动的预备，也不失为茶人调适身心状态的过程。设摆茶席的组成要素，以茶品、茶器、茶人为基本，也可包含铺垫、插花、焚香、挂画、摆饰等。

从冲泡合理性角度出发，可以解析茶席设计或曰摆布的技术要求。其主要包括茶席的构成要素、茶席摆布的人体工程学、茶席的静态布局动态变化；同时，需要协调技能和审美表达、功能性要求与限制或约定、茶席的类型和场合适用性。

茶会雅集的茶席摆布，在美观和方便行茶之外，应合乎活动的约定或需要，其中，冲泡器、茶盅的容量与品茗杯（相应于主、客）数和容量的适配，尤须考虑周详甚至有必要计算。即便是无我茶会，其器物实为便携式，也仍须考量其实用性以及茶会的约定。其中，通过组织者事先准备品茗杯的方式，可以约定某一道或两道茶汤酌而奉给旁观者的方式，让他们也参与到活动中来。

在"郊社茶礼"上，茶席按方位和时序的含义来选色布设，行程流动而有序，是以形式的铺展来呈现与自然节律的对应及人体生命节律与自然节律相适应、相协调的愿望。其中央位置的香案和"敬""献"

因事而设的茶席《夏泓》（安东供摄）

等环节的设置，突出体现举办者与天地、与大自然融洽契合的殷切和表述的郑重其事。饮茶于这样的情境而受感化，由衷生发的是肃然起敬，敬畏造化的生生不息和天道运行的必然。

茶席所用茶品，除非以学习汇报性展示或技能鉴定性考试为目的，茶品对于茶席的重要性不宜关注过度；在更为广泛的应用场合，茶品概非茶席的核心更非茶席的灵魂。茶会雅集上的一个茶席，冲泡若干茶品，是常有或必然发生的情景。从茶艺的实用艺术角度着眼，茶品的选择，通常服从于茶会雅集的内容需求。根据茶品类型和品质特点来生发设计理念、确立设计思路、演绎（铺展或呈现）摆布样式，多会囿限创意、役于认知而词不达意，故当摈弃。

（撰稿者： 宋志敏、陆全明、吴佳娜）

第四章

茶与保健

茶，自其问世之日起即被认定是一种能给人们带来健康的植物。

中国是茶的故乡。茶的饮用，最初是华夏先民发现其药用价值而用来健身祛病的。《神农本草经》中有载："神农尝百草，日遇七十二毒，得茶而解之。"这说明，在距今四五千年的神农时代，中国就发现了茶，并且知道茶叶具有神奇的药用价值。唐代医学家陈藏器更是在其所著的《本草拾遗》中直言："诸药为各病之药，惟茶为万病之药。"从而将茶的药用价值提升到前所未有的高度。从古至今，茶一直保持着其独特的身份，它似药非药，可泡可煮，可以食用，可以品饮，可以清心，可以解毒，亦可以养生。

茶叶作为一种天然的健康饮品，经过数千年的传承，早已走进寻常百姓的日常生活，并沿着古代丝绸之路走向了全世界。如今，茶作为世界三大健康饮品之一，以其独特的营养价值、保健功效和文化内涵而享誉世界，受到各国人民的喜爱。

本章主要介绍茶叶的有效成分和保健功效，如何因人因时科学地选茶用茶，以及饮茶宜忌，并辑录一些简便的保健茶方以供选用。

茶叶的有效成分

随着茶饮的普及，茶叶的保健作用越来越受到重视。自20世纪60年代起，研究茶叶成分和作用机制的文献也越来越多。大量的研究发现，茶叶中含有近500种成分，其中有机化合物在450种以上，其中大多数都是对人体有益的营养成分，能调节人体的新陈代谢。茶叶含有丰富的茶多酚、生物碱、维生素、氨基酸、矿质元素、茶多糖、茶色素和芳香物质等人体所需的物质。

茶多酚

茶多酚在过去也被称为"茶单宁"或"茶鞣质"，它是茶叶中多酚类物质的总称。茶多酚按化学结构不同分为四类：儿茶素类、花青素和花白素类、黄酮和黄酮醇类、酚酸和缩酚酸类等，是茶叶中最重要的化学成分和活性成分,约占茶叶干物质比重的18%～36%。茶多酚中的儿茶素占60%～80%,含量最高。

研究表明,茶叶中的这些多酚类物质及其氧化产物对人体非常有益,具有清除自由基、调节脂质代谢、增强免疫功能、杀菌消炎、预防肿瘤等作用。

清除自由基:茶多酚具有清除自由基的功能,能够抗氧化,从而延缓机体衰老。

调节脂质代谢:茶多酚可以通过调节人体血脂代谢,抑制血小板聚集和抑制动脉平滑肌细胞增生,从多个环节对防治心血管疾病起到积极作用。

增强免疫功能:茶多酚具有缓解机体产生过激变态反应的能力,能够增强机体的免疫功能。

杀菌消炎:茶多酚可以干扰人体内病菌的代谢,具有杀菌消炎的功效,对大肠杆菌、金黄色葡萄球菌等的生长繁殖有抑制作用。

预防癌症:茶多酚对皮肤癌、直肠癌、前列腺癌、乳腺癌等均有预防作用,对于肝癌、胃癌和口腔癌也具有一定的预防作用。

生物碱

生物碱是茶叶的主要化学成分,占茶叶干重的3%～5%。茶叶中的生物碱虽然多达10余种,但主要是咖啡碱、可可碱和茶碱这三种,三者都是黄嘌呤的衍生物。茶叶中的生物碱以咖啡碱的含量最高。

咖啡碱:是一种中枢神经的兴奋剂,具有提神作用。茶叶中的咖啡碱常和茶多酚成络合状态存在,与一般游离态的咖啡碱在生理效应上有所不同。咖啡碱可以作用于大脑皮质,使人睡意消失、精神振奋,从而提高工作效率和精确度;可以刺激胃肠,促进胃液分泌,从而增进食欲,帮助消化;可以通过肾脏促进尿液中水的滤出率来达到利尿的作用;可以提高肝脏的代谢能力,促进血液循环,使血液中的酒精排出体外,缓解酒精对人体的刺激,从而产生醒酒解酒的效果;可以松弛平滑肌,使冠状动脉松弛,促进血液循环;可以促进机体代谢,影响脑代谢。此外,还有调节月经周期、消炎、抗过敏等作用。一系列的研究表明,适量地摄入咖啡碱对人体是有益的。

可可碱和茶碱：其药理功效与咖啡碱类似。可可碱对于治疗白血病有着积极的作用。茶碱有很强的舒张支气管平滑肌的作用，平喘效果显著。此外，茶碱对于治疗肝硬化、帕金森病、心力衰竭等也有一定作用。

维生素

茶叶中含有多种人体所需的维生素，其中包括维生素 A、B 族维生素、维生素 C、维生素 E 等。在 B 族维生素中以烟酸的含量为最高，约占 B 族维生素的 50%。

维生素是维持人体正常生理功能所必需的营养物质，其只存在于各种食物中，是人体自身无法合成的天然物质。维生素在人体内的含量虽然不像蛋白质、脂肪和糖那么多，也不是构成人体组织的成分，但参与了人体新陈代谢过程中一系列的生物化学反应，扮演着不可或缺的角色，一旦人体缺乏某种维生素，就会表现出相应的不适症状。因此，为了维持人体的健康，增强对疾病的抵抗力，就要保证维生素的摄入。

茶叶中富含维生素 A、维生素 B_2、维生素 B_5 等，这些维生素的重要性如下：

促进发育：维生素 A 对儿童发育起着重要作用，缺乏这种成分会导致夜盲症、呼吸道疾病、泌尿道疾病、角膜软化病等。饮茶能够摄入一定量的维生素 A。

促进生长：维生素 B_2 有促进生长的功能，缺乏这种成分会导致口角炎、角膜炎、舌炎、白内障、皮肤病等，还会影响食欲。这种维生素在饮食中较为缺乏，而在茶叶中的含量却是一般粮食和蔬菜的 10～20 倍，因此，饮茶是补充维生素 B_2 的一种有效途径。

扩张血管：维生素 B_5 有扩张血管、防治消化道疾病、维持肠道正常生理活动等作用，缺乏这种成分会引起血液和皮肤异常。茶叶中维生素 B_5 的含量比粗面、糙米、杂粮、蔬菜、瓜果要高得多，饮一杯茶大约可以摄入 127 微克的维生素 B_5。

蛋白质和氨基酸

茶叶中的蛋白质和氨基酸的含量十分丰富,大约占茶叶干重的20%～30%,它们是构成茶叶品质的重要因素,而且具有很好的营养作用。

蛋白质:茶叶鲜叶中的蛋白质经过茶叶加工和冲泡后,剩下的已不足2%,如果一天饮茶5～6杯,大约能补充70毫克的蛋白质。

氨基酸:氨基酸是茶树鲜叶中特有的氨基酸,占茶树体内游离氨基酸总量的50%。茶叶中含氨基酸约30种,总含量为3%～5%,包括人体必需的各种氨基酸。茶叶中的茶氨酸、赖氨酸、苏氨酸和组氨酸对促进人体生长发育和智力具有重要作用,还可以增强人体对钙和铁的吸收。

在茶叶的氨基酸中,值得重点介绍的是茶氨酸。茶氨酸是茶叶中一种独特的、非蛋白氨基酸,占了茶叶氨基酸很大的比例。茶氨酸只存在于极少数天然植物中,在日常饮食中几乎摄取不到。因此,饮茶是人类获得茶氨酸最方便也几乎是唯一的途径。茶氨酸滋味鲜美,是"健康味精";同时茶氨酸具有舒缓压力、提振精神、抗疲劳、抗焦虑、抗抑郁、提高记忆力和保护神经等作用,尤其在防治脑疾病方面具有良好的药理效应。

矿质元素

茶叶中所含的矿质元素有近30种,其中大部分是人体不可或缺的成分。茶叶中的矿质元素可分为常量元素和微量元素。常量元素主要是磷、钙、钾、钠、镁、硫等,微量元素主要是铁、锰、锌、硒、铜等。下面择重点简要介绍6种矿质元素。

钠:钠是人体内重要的营养元素,是维持细胞外液渗透压的主要离子之一,每杯茶中约含钠1毫克。

铁:铁在人体内的含量不多但有着非常重要的生理功能,它能够造血和制造红细胞。茶叶中的含铁量很高,每克绿茶中平均含铁量为123微克,故饮茶在一定程度上有助于预防贫血。

锰：存在于人体内所有组织中，它参与造血并能促进维生素及酶代谢，是一种非常重要的微量元素。锰具有抗氧化和美颜延缓衰老的特殊功效，增强人体的免疫功能。茶叶中的含锰量与蔬菜大致相同，每饮一杯茶能摄取每日所需量的10%左右。

锌：锌是人体内碳酸酐酶的组成成分，是直接影响蛋白质合成的元素。茶叶中锌含量较高，尤其是绿茶，每克绿茶平均含锌量达73微克，每克红茶中平均含锌量也有32微克，一杯绿茶中所含的锌大约占人体每天所需总量的2%。

硒：硒是人体内最重要的抗过氧化酶辅基，它能起到抗癌、延缓衰老和保护人体免疫功能的作用。茶叶中所含的硒是有机硒，比粮食中的硒更容易被人体吸收，而茶叶中硒元素含量的高低取决于各茶树母株所含硒的多少。

铜：铜是人体内的一种微量元素，缺少时会导致呼吸减慢、全身软弱、皮肤溃疡等，而饮茶则能起到补充铜元素的作用。

茶多糖

茶叶中的主要成分如茶多酚、氨基酸和生物碱等均随茶叶叶片的老化而含量降低，而茶多糖恰恰相反，叶片越粗老，茶多糖含量越高。因此，采用较粗老原料制作的黑茶和乌龙茶，由于其富含茶多糖，故在提高机体代谢、促进脂肪分解、降血糖方面效果更好。

茶色素

茶叶中的色素可分为水溶性色素和脂溶性色素两大类。

1. 水溶性色素

泡茶能够浸出的是水溶性色素，包括茶叶本身含有的花黄素（即黄酮类），以及加工过程中形成的茶多酚的氧化产物茶黄素、茶红素和茶褐素。黄酮类色素是茶叶水溶性黄色素的主体物质，是绿茶茶汤色泽的重要成分，同时也是一种很强的抗氧化剂，可以起到消炎、改善心脑血管疾病的作用。

2. 脂溶性色素

茶叶中的脂溶性色素包括叶绿素和类胡萝卜素,叶绿素具有促进伤口愈合、治疗溃疡、防治炎症等作用;胡萝卜素作为维生素A的前体,对视力的改善有一定作用。但是冲泡是不能将脂溶性色素溶解出来的,其摄取的方法是"吃茶"而不是"喝茶",近年来兴起的用于食品工业的茶粉很好地解决了脂溶性色素摄取的问题。

芳香物质

茶叶中含有600多种芳香物质,它们不仅是形成茶叶风味特征的重要组成部分,还具有一定的生物效应,如抗菌、消炎、促进代谢、调节精神状态等。然而,现阶段在这一方面的研究还不够深入。

茶叶的保健功效

茶叶是公认的最好的养生饮品。闲暇之余,泡上一杯茶,在陶怡情操之时,也能养生健体。联合国粮食及农业组织(FAO)用现代医学方法对茶与人体健康进行了较为全面的研究,认为"茶叶几乎可以证明是一种广谱的,对多种人体常见病有预防效果的保健食品"。综合归纳茶叶的保健功效,大致有以下几个方面。

提神醒脑

如今,城市人快节奏的生活方式已彻底颠覆了往昔那种悠然自得的慢生活,每天行色匆匆的上班族,连轴转的会议人,不分昼夜的加班者,终日浸泡于题海中的学子们,似乎人人都处于一种上足发条的状态。人们在如此紧张的学习和工作中,难免会出现精神倦怠、犯困、头脑混沌、注意力不集中、学习和工作效率低下等状况。因此,如何调动自己的能量，让精力保持旺盛，使学习和工作更有效率，这已成为现代人关注的一个话题。大家会发现，现在的城市咖啡馆越开越多，喝咖啡的人也越来越众。据调查显示，很多人喝咖啡的理由很简单，就是为了提振精神，当然其中也有不少人是为了追求时尚的都市生活方式，体验咖啡那种独有的醇香口味。今天，喝咖啡已成了一种时尚与需求的完美结合。但人们在享受"舶来品"咖啡浓香醇味的同时，可别忘了国产天然温和的"兴奋剂"——茶叶。

与咖啡一样，茶叶的提神醒脑功效主要也是通过咖啡因起作用。咖啡因是大脑中腺苷受体的拮抗剂，在促进兴奋信号传递的同时，还能拮抗抑制信号的传递，从而起到兴奋中枢神经的作用。咖啡中的咖啡因含量较高，摄入过多会引起精神亢奋，甚至会导致心脏负荷过大。与咖啡不同的是，绿茶、新白茶和普洱生茶中还含有较高的儿茶素和茶氨酸，一方面能让人产生愉悦感，抑制咖啡因引起的过度兴奋；另一方面能通过改变咖啡因的吸收速度，延长咖啡因在体内的停留时间，让兴奋作用更温和、更持久。实验研究表明，乌龙茶、红茶、黑茶和普洱熟茶等，其咖啡因的含量其实并不低，但它们的提神效果不如绿茶、新白茶和普洱生茶。究其原因，可能是因为在茶叶制作氧化发酵过程中，咖啡因与其他成分相结合，改变了咖啡因在人体内的吸收效率和速度。

茶叶除了提神醒脑作用外，还具有改善大脑记忆的功能。瑞士巴塞尔大学的一项试验结果表明，经常喝绿茶可以增强大脑可塑性，改善记忆力，提高学习效率。英国科学家研究也发现，喝茶能够抑制一种破坏乙酰胆碱的酶的合成，从而预防记忆力衰退，促进脑部健康。

需要提醒的是，有些人对咖啡因非常敏感，摄入会导致心动过速甚至气短，这类人不但不能喝咖啡，同样也要慎喝绿茶、新白茶和普洱生茶。此外，普洱生茶作用强烈，在身体不适时过量饮用会出现"醉茶"现象，表现为头晕等不适症状，不但不能提振精神，反而适得其反。

预防老年痴呆

随着老龄人口的快速增长，老年性疾病的发生率在不断上升。在各种老年性疾病中，老年痴呆可以说是最影响生活质量的疾病之一，同时也成为家庭和社会的沉重负担。我们通常所说的"老年痴呆"在医学上称为"阿尔茨海默病"（AD），是一种起病隐匿的进行性发展的神经系统退行性疾病。临床表现为记忆障碍、失语、时间颠倒、视空间技能受损、自理能力下降等，迄今病因未明。与老年痴呆情况类似，帕金森病（PD）是另一种神经系统退行性疾病，只是它影响的是运动神经。临床表现为静止性震颤、运动迟缓、肌强直和姿势步态障碍等，确切病因也未明。

虽然医学界在上述疾病的发病机制研究方面不断取得进展，但迄今还未找到根治的良药。因此就现阶段而言，对于老年痴呆和帕金森病，其预防的意义要远远大于治疗。目前认为，预防神经系统退行性疾病应设法对抗机体的氧化损伤，达到机体的健康平衡。故积极寻找能预防或治疗神经系统退行性疾病且安全的天然药物具有重大的社会意义。

近年来，不少实验研究成果表明，茶叶中的茶氨酸在预防和治疗神经系统退行性疾病方面显示出重要的药理活性，它能调节脑中的血清素和多巴胺，改善大脑的认知能力，保护神经细胞，减轻脑部的氧化损伤。茶叶中的儿茶素活性成分在通过血脑屏障后螯合脑部的铁离子，而铁元素的积累与脑部神经退行性病变有直接关系。茶叶中的茶多酚可以调控脑细胞的正常新陈代谢，调节神经递质的释放过程，消除β-淀粉样肽在大脑中的蓄积和毒性，多方面起到保护神经的作用。2010年阿尔茨海默病协会国际会议发布报告，正式宣布合理饮茶可以防治神经系统疾病，有助于降低老年痴呆的患病率。

各类茶叶均有不同程度的抗氧化作用，根据临床观察和生命科学实验研究结果显示，绿茶和红茶在这方面的效果比较突出。

口腔保健

根据全国口腔健康流行病学调查显示，龋病（虫牙、蛀牙）和牙周病（牙龈炎和牙周炎）是危害我国居民口腔健康的两种最常见的疾病。口腔疾病不仅给我们带来身心上的痛苦，而且由于口臭和美观而影响社交，降低生活的幸福感。龋病和牙周病会影响食欲和进食，进而引发一系列健康问题，如机体免疫力下降、抵抗力弱、容易罹患各种疾病。龋病和牙周病发生的局部因素主要是牙菌斑，而牙菌斑则由黏附于牙齿表面的细菌、细胞间质物、脱落上皮细胞和食物残屑等组成。因此，通过自我口腔保健和专业口腔保健清除牙菌斑是维护口腔健康的重要手段。

近年来，研究发现茶叶对龋病和牙周病具有较好的预防和辅助治疗作用。茶叶中能维护口腔健康的主要成分是茶多酚，茶多酚的抑菌功效较为显著，能够有效抑制口腔中的有害细菌，如链球菌和乳酸菌等，从而起到保护牙齿的作用。通常，有害微生物不能附着在光洁的牙齿上，但牙齿上附有糖等残留物时，微生物可以释放出一些酶与糖等残留物结合，从而将自己黏附在牙齿上，对牙齿进行侵蚀，形成牙斑、蛀孔。茶多酚能抑制微生物释放酶类物质的活性，使这些有害菌无法黏附在牙齿上，从而预防龋病的形成。有实验发现，茶叶中的儿茶素也可以减少牙菌斑和牙周病的发生。

此外，茶叶中的茶皂素和氟对促进口腔健康也有辅助作用。茶皂素具有皂苷类物质的表面活性成分，能起到清洗和清洁的作用，消除口腔异味，还能协助茶多酚等杀菌成分，增强茶叶的杀菌抑菌效果。茶叶中的氟可以增强牙齿的耐酸性，氟还能与牙齿的钙质结合，增加牙釉质的坚固性，以抵御酸性物质对牙齿的侵蚀。茶叶中含有少量维生素C，也有预防牙龈出血的功效。

作为用于口腔保健的茶叶，首推绿茶，因为绿茶的茶多酚含量高、口味清香、汤色较淡。此外，研究人员也发现，白茶在轻度发酵过程中会生成一些抑菌抗炎活性较强的黄酮类物质，因此，白茶的口腔保健效果也较佳。在日常生活中，我们可以将茶水的使用与漱口、刷牙这些常规的口腔护理结合起来，简便有效。例如，可以将饮用的绿茶和白茶用于餐后口腔保健，反复用茶水漱口3次，每次30秒至1分钟，让茶水与口腔充分接触，让茶多酚在口腔内发挥更好的作用。

清热解暑

炎炎夏日，酷暑难当，人们常常会因为天气炎热而食欲不振、精神疲乏、昏昏欲睡，或伴有神情烦躁、头晕头痛，严重者会由于出汗过多而导致体内电解质紊乱，出现严重的"中暑"症状。对于暑热证患者，中医大多采用清热解暑的治疗方法，选择具有相关功效的药物进行组方。其实，绿茶是一味消暑的天然良药。

绿茶茶性寒凉，擅长清热解暑，兼具泻火解毒的功效。绿茶的清热解暑作用主要包括三个方面：促进血液循环、利尿和抗菌抗病毒。首先，绿茶茶多酚中的儿茶素类物质和多种黄酮能够调节血管紧张素酶的活性，有效松弛血管壁，消除血管痉挛，保持血流的平稳畅行；绿茶茶氨酸能降低5-羟色胺和5-羟色氨酸的浓度，有助于维持血压的稳定。其次，绿茶中的咖啡因和少量的可可碱具有显著的利尿功效。其三，夏季天气炎热，容易导致微生物滋生。儿茶素是茶多酚中的最主要活性成分，绿茶中的儿茶素含量高于其他茶类，其抵抗微生物能力强，解毒的作用更强，绿茶的清热解暑功效也正是源于其抗菌抗病毒作用的活性，可以抑制病原微生物所致的机体炎症反应。

除了绿茶，轻度发酵的新白茶保留了大部分的茶多酚，其茶性相对柔和，也具有较好的抗菌作用，可以选用。像乌龙茶、红茶和黑茶等，由于其茶性偏温，故不宜作为清暑解热的饮品。

夏季喝绿茶时也可根据个人喜好选择加一些金银花、薄荷或荷叶等，与茶叶一起冲泡饮用，其防暑热的效果更佳。

减肥消脂

现代社会，由于人们生活方式的改变，肥胖症患者的群体越来越庞大，许多与肥胖有着千丝万缕联系的疾病如高血压、脑卒中、心脏病、糖尿病、脂肪肝、肝硬化、痛风、不孕症等也随之产生，肥胖已取代了营养不良和感染性疾病而跃升为危害人类健康的第一杀手，因此，远离肥胖是远离疾病、走向健康的一条有效途径。

此外，控制体重、保持良好的身材在职场和现代生活中也有着特别的意义。好的身材带来的是朝气和活力，能够带动身边人积极乐观地面对困难和挑战；好的身材意味着健康的生活方式，也被看作是良好个人修养的一种体现。

迄今为止,茶叶被研究得最多的是它的减肥功效与机制,无论是不发酵的绿茶,还是全发酵的普洱熟茶,都能有效控制人体的体重,令人体态轻盈,也有助于减肥后的体重稳定。研究表明,茶多酚和咖啡因含量高的绿茶、白茶、乌龙茶等能促进体内脂肪的氧化和能量消耗,同时改善胰岛素的敏感性及葡萄糖的耐受量,在帮助身体消耗脂肪的同时,还对糖尿病的药物治疗有辅助作用。富含茶黄素的红茶对脂肪酶的活性有显著的抑制作用,有助于减少三酰甘油的吸收。

大量研究认为,各类茶叶都有减肥作用,只是作用机制不同。其中,绿茶和普洱茶是控制体重的能手。如果我们想保持好的身材,需要日常调理,建议每天饮用5克绿茶或普洱熟茶。如果体重已超标,可以适当增加茶量,每天饮用8克绿茶或普洱生茶,但需注意的是,绿茶和普洱生茶茶性偏凉,如果有慢性胃炎或胃溃疡等疾病患者,应该首选普洱熟茶。

降血脂

与肥胖症相伴随的往往是高血压、高血脂和高血糖,俗称"三高",其中最先出现的常常是高脂血症。高脂血症是指低密度脂蛋白、胆固醇和三酰甘油高于正常水平,如果人体内胆固醇、三酰甘油等含量过高,就会出现血管内壁脂肪沉积、血管平滑肌细胞增生,易导致动脉粥样硬化等心血管疾病,以及高血压、脂肪肝和脑血管疾病等。

有关茶叶的降血脂作用和机制,国内外学者已做了大量的研究工作,有关的动物实验、人体试验和临床研究也都从不同的角度证明了茶叶降血脂的药理效应。茶叶中含有大量的茶多酚成分,对人体的脂肪代谢有着重要的作用,能预防心脑血管疾病。尤其是茶多酚中的儿茶素ECG和儿茶素EGC及其氧化产物茶黄素等,能使凝血变清,在一定程度上抑制动脉粥样斑块生成,从而起到抑制动脉粥样硬化的作用。其中的儿茶素能够降低血清中胆固醇,还能提高高密度脂蛋白胆固醇的含量,降低血液黏稠度,从而起到预防动脉粥样硬化的作用。因此,茶多酚也被称为"血管清道夫"。

研究者发现,绿茶能调节机体的脂质代谢,不仅能降低血液中的三酰甘油、总胆固醇和低密度脂蛋白胆固醇,还能有效降低器官及组织如肝脏和肾脏的脂质,从而控制住高脂血症。

乌龙茶水提取物不仅能增强脂肪组织中去甲肾上腺素诱导的脂肪分解,而且还能降低胰脂肪酶的活性、脂肪的消化,抑制肠道对脂肪的吸收,是随餐降脂的好选择。乌龙茶中的儿茶素氧化的初级产物,包括茶黄素、儿茶素聚合物等是调节脂质代谢的关键成分。

动物实验表明,普洱熟茶防治高脂血症的效果也很好,而且明显高于普洱生茶,可能与普洱熟茶中含有较高的茶褐素、茶多糖和黄酮类物质有关。

黑茶,尤其是传统茯砖茶对降低三酰甘油的效果较为显著,除了其固有的活性成分之外,一些特定的金花菌菌株在金花黑茶发酵过程中产生大量的降脂成分,能抑制脂肪消化酶活性,减少单位时间内脂肪的消化和吸收,从而减少脂肪的形成和沉积。

综上所述,绿茶、乌龙茶、普洱茶和黑茶虽然作用机制不同,但均具有调节血脂的功效。饮用时可按照个人的喜好和体质需求,合理选择一种茶,并将饮茶成为一种习惯,持之以恒,对调节血脂具有很好的辅助作用。

控制血糖

糖尿病是一种以高血糖为特征的代谢性疾病,是由于胰岛素分泌相对不足或其生物作用受损而引起的。糖尿病并不仅仅是血糖的异常,往往还会合并血压升高、血脂指标异常等多种代谢性问题。单纯血糖升高其实影响有限,糖尿病最大的危害是让机体细胞长期"浸润"在高糖的环境中,从而发生一系列病变,如肾脏疾病、心脑血管疾病、视网膜病变和糖尿病足等。因此,控制血糖、预防糖尿病是全社会的一个重大课题。

自20世纪80年代以来,关于饮茶调节血糖的研究不断取得进展。茶叶中含有丰富的多酚类物质,实验表明,茶多糖具有很好的降血糖功效,对防治糖尿病有较好的疗效。此外,澳大利亚、美国和日本等国家的科学家团队各自进行了上万例样本的临床研究,证明饮茶有助于预防糖尿病,不同的茶叶都有调节血糖的作用,而且各有特色。

绿茶和普洱生茶中含有较高的儿茶素,儿茶素中的EGCG可以通过增强胰岛β细胞的功能,进而间接促进胰岛素的合成和分泌,以调节血糖;同时EGCG还可以减轻日常高油高糖饮食对胰岛β细胞的损伤,维持机体正常的糖代谢功能。儿茶素还可以通过调节基因表达,影响葡萄糖的摄取率,并加快糖的代谢,来共同调节血糖。普洱生茶中儿茶素的含量高于绿茶,同时在普洱生茶陈化过程中形成的更多茶多糖和茶色素与儿茶素具有协同作用,因此,普洱生茶的降糖作用更为显著。

红茶和金花黑茶对餐后血糖的调节,即耐糖量的调节更为显著。红茶中的茶红素和茶多糖,以及金花黑茶中的金花菌代谢产生的小分子活性物质能有效抑制小肠黏膜上皮细胞刷状缘内的二糖代谢酶的活性;茶黄素、儿茶素和咖啡因能够进一步增强这一作用,降低餐后淀粉转化为葡萄糖的速度,减少可供肠道吸收的葡萄糖总量,起到稳定餐后血糖的作用。

对于血糖水平正常的人,每天可饮用5克左右的茶来稳定血糖,绿茶为首选,同时随餐饮用红茶或金花黑茶可以控制餐后血糖。如果血糖略有升高,但还不需要药物治疗的情况下,每天可饮用8克茶,以起到防控作用,可选用普洱生茶。糖尿病患者对血糖调节的能力弱,在空腹和运动后容易出现低血糖征兆,因此这类患者不宜在空腹或身体疲劳的时候饮浓茶,可选用红茶和金花黑茶,虽然调节血糖的效果没有绿茶和普洱生茶好,但相对比较温和。

调节尿酸

如今在年度例行体检中,被查出尿酸高的人越来越多,不少人为此忧心忡忡。尿酸高多由于长期摄入高嘌呤食物再加上其他一些诱导因素所致,尿酸过高轻则出现痛风,重则引起肾脏疾病等。人体尿酸的主要来源是嘌呤物质的代谢,如果嘌呤代谢紊乱,就会使体内的尿酸值发生变化。人体内的嘌呤大约有1/3来源于食物,还有2/3是在生命活动过程中人体细胞内核酸代谢的产物。与调节机体功能相比,合理的饮食是控制嘌呤的有效方法,而且比较容易做到。高嘌呤食物主要有海产品、动物内脏和豆类等，在日常生活中应有控制地摄入。

临床和实验研究表明，茶叶能降低患痛风的风险。有关专家对绿茶、红茶、黑茶以及茶色素提取物进行了研究，初步探明了茶叶降低痛风发生的机制。大家比较认可的是茶叶中的有效成分能抑制嘌呤合成尿酸，并促进尿酸的排泄，从而起到缓解痛风的作用，其中红茶的功效尤为明显。

红茶中的儿茶素和茶色素具有协同作用，在人体内它们联手抑制肝脏中负责尿酸合成的黄嘌呤氧化酶，使体内嘌呤物质转化为尿酸的速度变慢，尿酸生成量减少，从而起到降低血尿酸水平的作用。嘌呤比尿酸的溶解度高，更易于被排出体外，不易形成"痛风石"。同时，血尿酸水平的下降对已形成的尿酸结石有重新溶解的可能。此外，黄嘌呤氧化酶在促进尿酸生成的过程中往往伴随氧自由基的产生，红茶多酚的抗氧化作用能有效清除在尿酸合成中所产生的氧自由基，以减少对机体的氧化损伤。

作为预防痛风的日常调理，每天可用4克红茶，餐后饮用，红茶的冲泡时间适当延长些，让有效成分充分地溶出。

保护肝脏

肝脏是身体内以代谢功能为主的一个器官，并在身体里面起着去氧化、储存肝糖、分泌性蛋白的合成等作用，肝脏也制造消化系统中的胆汁。肝脏还通过多种方式承担机体的"解毒"功能，比如酒精代谢、药物代谢，处理食物中摄入的重金属等有毒有害物质，因此对人体来说肝脏的健康至关重要。

随着医学的发展、人们生活水平的提高和卫生条件的进一步改善，诸如像肝炎、药源性和食源性有毒物质积累对肝脏损伤的概率大大降低，而过量饮酒造成的酒精性肝损伤和肥胖引起的脂肪肝的人群渐渐变得庞大。所以有关专家在倡导科学的、有节制的生活方式同时，也常常建议合理饮茶，认为饮茶能够减轻酒精性肝损伤，以起到保肝护肝的作用。在这方面研究比较多的是绿茶和普洱熟茶，白茶和黑茶虽然也有研究报道，但还不成气候。

绿茶能够减轻酒精性肝损伤的主要机制是抗氧化,茶多酚能够使肝脏中的抗氧化酶活性增强。另外,茶氨酸能够提高乙醇脱氢酶和乙醛脱氢酶的活性,加速酒精代谢。普洱熟茶中发挥保肝护肝作用的物质主要是发酵过程中生成的活性茶多糖,而茶多糖与茶色素具有协同作用,有研究认为普洱熟茶有更好的保肝护肝作用。

茶叶的消脂减肥功效也使其能够在一定程度上缓解脂肪肝而发挥护肝的作用。由于绿茶和普洱熟茶的消脂减肥功效较为明显,因此使用这两种茶来做对抗脂肪肝的实验比较多。实验结果表明,绿茶有一定的预防脂肪肝和降血脂的作用;普洱熟茶具有明显降低血脂和改善肝脏脂肪变性的作用,可用于非酒精性脂肪肝的早期预防和辅助治疗。

对于日常应酬频繁、喝酒较多的人,可常喝绿茶,每次5克;对于嗜酒无度、大鱼大肉、体重超标者,除了绿茶,还应该加喝普洱熟茶,将每天的茶量提高到8克左右。

抗辐射

在生活水平不断提高的同时,环境污染的问题也越来越为人们所关注,有些隐蔽性污染,如飘在空中的有害射线,虽然不能被人所感知,但每天都必须面对,日积月累,将有损人体健康。对健康构成影响的辐射主要包括电磁辐射和电离辐射,其中电离辐射是辐射能量超级强大的电磁辐射,接触的机会极少,一般见于核泄漏、放射性矿石或医学诊疗设备如放射性治疗等。在日常生活中,常见的辐射一般都属于小剂量的电磁辐射,随着工业发展和家用电器的普及,生活中的电磁辐射开始增多,如手机、电脑、电视、微波炉等都可以成为辐射源。其实,很多家用电脑和手机到底能够对人体产生多大辐射以及这些辐射能够带来多大危害,至今仍然没有定量的结论。可是因为神秘,人们心里总感到惴惴不安,迫切希望能有一些简便的抗辐射方法予以防护。

现代研究认为,辐射对人体的损伤主要是自由基引发的多种连锁反应,表现为氧化损伤和对免疫系统的破坏。茶叶是天然的抗氧化剂,含有较高的茶多酚、茶多糖和维生素C等,具有抗辐射的作用,可以作为日常饮品保护身体少受辐射影响。茶多酚及其氧化产物具有吸收放射性物质^{90}锶和^{60}钴毒害的能力，也可以减少放射性物质对人体的伤害。

实验表明，对肿瘤患者在放射治疗过程中引起的轻度放辐射病，用绿茶提取物进行防治，效果达90%以上；而对因放射治疗而引起的白细胞减少症的治疗效果达81.7%。

乌龙茶含有丰富的茶多酚，其清除自由基活性强，能够抵御辐射引起的氧化损伤。乌龙茶含有的茶多糖不仅有对抗氧化损伤的作用，还能增强机体的免疫功能，长期饮用能提高机体的抗辐射能力。

对于每天陪伴在电脑、手机边的上班族和白领们，绿茶可作为抗辐射饮品的首选。绿茶中富含的儿茶素具有显著的抗辐射功效，可预防辐射对身体带来的不良影响。对于希望通过抗辐射达到美容护肤效果的人来说，乌龙茶是更好的选择。铁观音和岩茶在氧化发酵过程中产生的茶色素和茶多糖也有着不俗的抗辐射能力，特别是多糖的抗辐射作用已得到了广泛的证实。

防癌抗癌

癌症的发生是体内、体外、情绪、物质等多重因素共同作用的结果，其中与遗传、不良的生活方式和饮食习惯、环境污染、工作压力过大等关联性较强。因此，抛开遗传因素，积极乐观的心态、科学适量的运动和均衡膳食是预防癌症的三大法宝。当然，均衡膳食也包括科学饮茶。

有关茶叶防癌抗癌的研究约始于20世纪60年代，中外科学家通过长期研究得出结论：绿茶和各类茶叶中以不同形式存在的茶多酚（主要是儿茶素类化合物）对食管癌、胃癌、肠癌等多种癌症有一定的预防功效，可辅助阻断亚硝酸铵等多种致癌物质在体内合成，并具有抑制和杀伤癌细胞的生长，提高机体免疫功能的作用。虽然我们不能单纯依靠茶叶来防止癌症的发生，但可以肯定的是，合理饮茶是预防癌症的一项重要的养生方式，饮茶能降低各种癌症的发生风险，而且两者之间存在量效关系，即长期坚持饮茶有助于预防癌症的发生和控制癌症的进展。

在有关茶叶防癌抗癌的研究中，绿茶的研究报道频次最高，有效性的证据也最多，因此在防癌抗癌方面绿茶是首选。而作为绿茶加强版的普洱生茶也是不错的选择。但绿茶和普洱生茶的茶性寒凉，有些人喝了感觉胃不舒服或影响睡眠，若遇到此类情况，可选用发酵程度较轻、茶性偏温的铁观音，铁观音的茶多酚的分子结构比较接近绿茶。

日本的一项群体研究观察表明，每天喝10杯绿茶的人群癌症发生率低。作为预防癌症的一种养生方式，建议每天饮用5～8克绿茶，同时要保证足够的冲泡时间。

延缓衰老

人体随着年龄的增长而逐渐趋向衰老，这是生物界的自然规律。现代医学研究表明，人体内自由基过多，会引发各种疾病并加速人体老化。正常情况下人体内有一套清除自由基的系统，使体内的自由基能维持一个动态平衡，以防止自由基在体内所产生的连锁破坏作用。但随着年龄的增长，大约是在35岁后，各种清除自由基的物质便逐渐衰退，因此人们常服用维生素C、维生素E等有抗氧化活性的药物来增强抵抗力、延缓衰老。

茶叶中的茶多酚具有很强的抗氧化活性和生理活性，能阻断脂质过氧化反应，清除活性酶的作用，是人体自由基的清除剂，其清除自由基的能力是维生素C的3～10倍，是维生素E的18倍。实验研究表明，1毫克茶多酚清除对人体有害的过量氧化自由基的功效，相当于9微克超氧化物歧化酶（SOD），明显高于其他同类物质。

人体衰老除了脏器生理功能逐渐衰退外，还有一个显露的特征就是皮肤衰老，表现为皮肤干燥，松弛下垂，失去弹性，脸部出现皱纹和色斑等，这是由于胶原蛋白受到破坏而减少，以及皮肤脂褐质堆积所致。研究证实，合理饮茶，既可延缓人体内脏器官衰老，也可延缓皮肤老化，从而起到由内至外的防衰效果。茶多酚在清除体内活性自由基的同时，还能减轻皮肤胶原蛋白等生物大分子被自由基破坏的程度，阻断脂质的过氧化反应，降低细胞内过氧化脂质的含量，减少皮肤脂褐质的堆积。

在延缓衰老方面，绿茶、红茶、白茶各有千秋，它们从不同的层面帮助我们守护青春。绿茶很像一名卫士，以其强有力的抗氧化功能由内而外、全方位地保护我们。不妨每天为自己泡一杯清香的绿茶，不但能延缓衰老，还能瘦身减肥。红茶在延缓衰老方面重在美容养颜，可作为女性白领日常调理的首选。红茶不仅能让皮肤"保鲜"，还能调理胃肠功能，促进血液循环，内外兼修。白茶则以护肤抗皱、祛斑美容而著称，能保持肌肤的活力。

科学选茶饮茶

茶为国饮，以茶养生，首先需要科学地选茶和正确饮茶。茶不在贵，适合就好。不同的节气，不同人的体质、生理状况和生活习惯都有差别，饮茶后的感受和生理反应也各不相同。因此我们饮茶要根据季节、个人体质和生活环境的不同而选择不同类别和品种的茶。

四季选茶

不同的茶在口感滋味、养生效果等方面都有不同，随季节变换搭配合适的茶才能相得益彰，对身体健康更为有益。故茶饮讲究四季有别，常法是：春饮花茶，夏饮绿茶，秋饮青茶，冬饮红茶，而黑茶则四季皆可饮用。

春季：宜饮花茶。春天大地回暖，万物复苏，人体与大自然一样，处于抒发之际，可酌情选服气味芬芳的茉莉、桂花等花茶。花茶性温，香味浓郁，以振奋精神，散发漫长冬季积聚于人体内的寒气，促进人体阳气的生发。

春季也宜饮绿茶，报春第一芽的绿茶集天露之润，蕴大地之阳，饮之能促使人体内阳气的生发，令人精神振奋，消除春困。

夏季：宜饮绿茶。夏季气温高，出汗多，人体津液消耗大，这时适合饮龙井、毛峰、碧螺春等绿茶。绿茶性寒味苦，具有清热消暑、生津止渴的功用。绿茶富含维生素C、多种氨基酸和矿质元素等，在清热消暑的同时，还能补充机体的营养成分。

　　秋季：宜饮青茶。秋季气候干燥，人常常会有口干舌燥等津液亏虚的症状，这时适合喝乌龙茶、铁观音、岩茶、大红袍等青茶。青茶茶性适中，介于绿茶与红茶之间。常饮青茶能滋阴养肺，生津润燥。

　　冬季：宜饮红茶。冬天气温低，寒气重，适合喝祁红、滇红等红茶。红茶性温味甘，善蓄阳气，饮之具有生暖祛寒，固原养阳的功效。同时，红茶含有丰富的蛋白质和糖类，可助消化，去油腻。

因人用茶

　　中医学认为，人的体质有寒热之分，有虚实之别，茶叶经过不同的制作工艺也有温凉之分，因此什么体质喝什么茶也是有讲究的。依据中华中医药学会2009年发布的《中医体质分类与判定》标准，该标准将人的体质分为平和质、气虚质、阳虚质、阴虚质、痰湿质、湿热质、血瘀质、气郁质，特禀质9个类型。这是我国第一部指导和规范中医体质研究及应用的文件，旨在为体质辨识与中医体质相关疾病的防治、养生保健、健康管理提供依据，使体质分类科学化、规范化。一般来讲，体质正常者喝茶相对可以随意些，但对部分特殊体质群体来说，用茶要根据自身的具体情况加以选择，找到最适合自己的茶。

　　平和体质：阴阳气血调和，以体态适中、面色红润有光泽、精力充沛等为主要特征。此类体质可根据四季气候变化，春季喝花茶，夏季喝绿茶，秋季喝青茶，冬季喝红茶。

　　气虚体质：元气不足，以疲惫气短、自汗等气虚表现为主要特征，故未发酵和轻发酵的茶尽可能少喝或者不喝。可以多喝红茶中的祁红，乌龙茶中的岩茶、单丛，普洱熟茶也是不错的选择。

　　阳虚体质：阳气不足，以畏寒怕冷、手足不温等虚寒表现为主要特征。推荐多喝暖胃暖身的茶，如红茶，可以尝试生姜红茶、桂圆红茶等；普洱茶少喝生茶，可以喝些普洱熟茶。

　　阴虚体质：阴液亏少，易口燥咽干，手足心热等虚热表现为主要特征。可多喝白茶等清爽的茶类。如福鼎的白毫银针、白牡丹都可以尝尝。

　　痰湿体质：痰湿凝聚，以形体肥胖、腹部肥满、口黏苔腻等痰湿表现为主要特征。在选用茶饮时着重对脾、肺、肾的调补，陈皮白茶、普洱等是痰湿体质常用的养生茶饮。

湿热体质：湿热内蕴，以面垢油光、口苦、苔黄腻等湿热表现为主要特征。宜饮柠檬红茶、枸杞红茶、薏仁茶。

气郁体质：气机郁滞，以神情抑郁、忧虑脆弱等气郁表现为主要特征。可饮茉莉花茶、桂花乌龙、菊普等气味芬芳的茶。此外，也推荐诸如枸杞茶、陈皮茶等有益气顺气功效的花草茶等。

血瘀体质：血行不畅，以肤色晦暗、舌质紫黯等血瘀表现为主要特征。此类体质建议喝绿茶和茉莉花茶等清爽的茶类，比如绿茶中的太平猴魁和黄山毛峰等。

特禀体质：一般是将容易发生过敏反应和过敏性疾病的人，称之为"过敏体质"，这是在禀赋遗传的基础上形成的一种特异体质，中医称之为"特禀体质"。此类体质建议喝茶性温和醇厚的乌龙茶和普洱熟茶。特禀体质的人还可选用一些能提高机体免疫力的茶材，如人参、燕麦、红枣等。

饮茶九忌

一忌空腹饮茶：人在空腹时不宜饮茶，由于茶叶中含有咖啡因等生物碱，空腹饮茶使肠道吸收咖啡碱过多，有可能会出现心慌、急躁、头昏、精神恍惚等亢奋症状。有胃和十二指肠溃疡的人更不宜空腹饮茶，尤其是浓茶，因为过多的鞣酸会刺激胃肠黏膜，从而导致病情加重。中医认为，茶性偏苦凉，空腹饮茶，易致脾胃受伤，埋下疾病隐患，故古人有"不饮空心茶"之说。

二忌饮滚烫茶：太烫的茶水对人的咽喉、食管和胃部刺激较强，长期饮用会破坏消化器官的表面黏膜，可能引起病变。2009年，发表在《英国医学期刊》上的一项研究指出：饮用非常热的茶（70℃或更高）会增加食管癌的风险，相关风险是饮用温茶或凉茶的8倍。故通常饮茶，茶水的温度宜在50℃左右。

三忌饮冷茶：茶水宜温热而饮，冷茶有滞寒、聚痰之弊，长期饮用会降低肠胃功能运化，酿成湿寒等症。尤其是患有风湿疼痛、慢性消化道疾病或免疫力低下的人，千万别喝冷茶。

四忌冲泡时间过久：茶叶中的茶多酚、类脂、维生素C等物质在水中浸泡时间过长，会自动氧化分解，使茶水的营养价值下降。同时，茶水搁置太久，容易滋生腐败性微生物，使茶汤发馊变质，饮后会影响健康。特别是隔夜茶，因放置时间太长，维生素等营养成分已分解氧化，有害物质析出，故不宜饮用。

五忌冲泡次数过多：经科学测定，绿茶在通常情况下，头道茶含茶叶浸出物总量的50%，二道茶含茶叶浸出物总量的30%，三道茶浸出物仅为总量的10%，到四道茶只有2%，再多冲泡，茶叶中的有害成分便逐渐析出，所以绿茶冲泡以3次为佳。

红茶和青茶，一般能冲泡5～6次，闽南青茶条索紧结适合冲泡6～7次，安溪铁观音更是有"七泡有余香"的美誉。

黄茶和比较细嫩的白茶，如白毫银针、白牡丹，一般冲泡2～3次；其他白茶可以冲泡4～5次。

黑茶发酵程度高，又经陈化，所以冲泡次数比较多，一般7～8次是没问题的。

六忌饭前饭后马上饮茶：饭前饮茶会冲淡胃酸，影响胃肠消化吸收功能。饭后马上饮茶，茶中的鞣酸与食物中的蛋白质、铁质会发生凝固作用，从而影响人体对蛋白质和铁质的吸收。

七为贫血者忌饮茶：贫血是一种常见病，尤其以缺铁性贫血者最多。人体缺铁，会影响体内血红蛋白的合成，出现面色苍白、头晕、乏力、气促等症状。贫血患者饮茶，会使贫血状况加重。这是因为食物中的铁包括茶中的铁成分，是以三价胶状氢氧化铁形式进入消化道的。经胃液的作用，高价铁只有转变为低价铁（二价铁），才能被机体吸收。茶叶中含有大量鞣酸，鞣酸极易与低价铁结合。因形成不溶性鞣酸铁，从而阻碍了铁的吸收，使贫血病情加重。因此，贫血患者忌饮茶。

八忌用茶水服药：很多药物服用期间不宜喝茶，如镇静助眠药物、抗心律失常药物等；此外，茶叶中的茶碱也会降低一些镇痛药的疗效发挥。究其原因，是由于茶叶中的鞣酸能与许多药物的化学成分结合产生沉淀，从而影响药物吸收，降低药物疗效。

九为茶叶忌嚼食：当前，空气和土壤受化肥和农药的污染非常严重,茶叶中也不免出现农药残留或重金属等超标现象,但这些物质在茶汤中不易浸出,如果嚼食茶叶,则其将在人体内留下并形成隐患。所以说饮茶之后,应将茶叶倒掉,不管茶叶有多好,也应记住,茶叶忌嚼食。

养生保健茶方

养生保健茶,是以茶为主要原料,根据时令或体质等特殊因素,配合不同食材或药材制作的茶饮品,以饮茶的方式达到养生保健的目的。

春季茶方

俗话说:一年之计在于春。春季大地复苏,气候转暖,根据中医的五行学说,春季茶方配伍须以柔肝、护肝、疏肝为主,其次应健运脾胃,为度夏做准备。

1. 菊花茶

配方:白菊花 12 克,绿茶 5 克,冰糖 10 克。

制作:将白菊花、绿茶和冰糖放入杯内,用开水冲泡,盖闷 5 分钟即可饮用。

用法:每日 1 剂,可多次冲泡饮服。

功效:清热解毒,宁神明目。适用于春季忽冷忽热,气候干燥,肝火目赤等,并可预防感冒。

2. 葱白茶

配方:葱白 10 克,红茶 5 克,生姜汁 1 匙。

制作:葱白洗净,加水煎煮 5 分钟,取汤汁泡茶,加入生姜汁混合均匀,趁热饮用。

用法:每日 1 剂,可多次冲泡饮服。

功效:温通阳气,清利头目,消食下气。适用于春困体乏,消化不良,也可预防和治疗感冒。

3. 玫普茶

配方：玫瑰花15克，普洱茶3克，蜂蜜少许。

制作：先将普洱茶放入杯中，注入开水，第一泡茶倒掉不喝，第二泡茶加入玫瑰花，再注入开水冲泡，待稍凉加入蜂蜜调匀即可。

用法：每日1剂，可多次冲泡。

功效：芳香怡人，疏肝解郁。能畅达情志，改善情绪，疏解春季郁郁寡欢的心情。

夏季茶方

夏季是阳气最盛的季节，气候炎热而生机旺盛。夏季多火多湿，"热"和"湿"是夏季气候的特点，故清解暑热、健脾化湿是夏季养生的重点，夏季的茶方也应根据这一特点进行配伍。

1. 薄荷茶

配方：薄荷3克，绿茶5克。

制作：将薄荷与绿茶放入杯内，用开水冲泡即可。

用法：每日1剂，可多次冲泡饮服。

功效：清热解表，提神醒脑。适用于夏季感冒，暑热烦渴，头昏头晕等。

2. 乌梅茶

配方：乌梅10克，绿茶5克，冰糖适量。

制作：将乌梅、绿茶和冰糖放入杯内，用沸水冲泡，盖闷5分钟即可。

用法：每日1剂，可多次冲泡，候凉饮服。

功效：滋阴润燥，生津止渴，开胃消食。适用于夏季出汗过度，口舌干燥，咽喉肿痛，胃纳不佳等。

3. 荷叶茶

配方：干荷叶10克，绿茶5克。

制作：干荷叶加水煮15分钟，取汤汁泡绿茶。

用法：每日1剂，可多次冲泡饮服。

功效：清热解暑，利尿降压，消脂瘦身。适用于暑热烦渴，头痛眩晕，血热吐衄，肥胖等，并有较好的降血脂作用。

4. 决明子茶

配方：炒决明子10克，绿茶5克。

制作：将决明子和茶叶放入杯内，用沸水冲泡即可。

用法：每日1剂，可多次冲泡饮服。

功效：清肝明目，润肠通便。适用于头目眩晕，目赤涩痛，羞明多泪，大便秘结等。

5. 冬瓜茶

配方：冬瓜50克，绿茶5克，冰糖少许。

制作：冬瓜去皮切成小块，加水煮10分钟，取汤汁泡绿茶，加冰糖。

用法：每日1剂，可多次冲泡，候凉饮服。

功效：清热解暑，生津止渴，利尿消肿。适用于暑热烦闷，口干烦渴，水肿胀满等。

秋季茶方

秋季燥气当令，为秋季的主气，称为"秋燥"。由于燥邪伤人容易耗人津液，必现一派"燥象"，故中医素有"春夏养阳，秋冬养阴"的说法。在秋季如能根据自身体质，选用适宜的茶方，对增进健康会有益处。

1. 石斛茶

配方：石斛6克，绿茶5克。

制作：石斛加水煎煮10分钟，取汤汁泡绿茶。

用法：每日1剂，可多次冲泡饮服。

功效：清热生津，护肝利胆，醒酒除烦。适用于阴虚津亏诸症，是醒酒的理想饮品，也可用于恶性肿瘤的辅助治疗。

2. 银耳茶

配方：银耳20克，枸杞5克，青茶5克，冰糖适量。

制作：将银耳炖熟，放入枸杞，兑入冲泡后的青茶汤，加冰糖，继续炖5分钟即可服用。

用法：每日1剂，分2次服。

功效：滋阴润肺，养胃生津。适用于阴虚火旺，午后潮热，干咳不愈，皮肤干燥等。

3. 雪梨茶

配方：雪梨（或鸭梨）250克，绿茶5克，冰糖适量。

制作：梨去皮，切成小块，与绿茶一起沸水冲泡，加冰糖即可。

用法：每日1剂，可多次冲泡饮服。

功效：生津润燥，化痰止咳。适用于秋燥引起的肺热津亏，口咽干燥，久咳不愈等。

冬季茶方

人体经历了夏、秋两季暑热和秋燥的消耗，脏腑的阴阳、气血都有所偏衰，因此，进入冬季人体脏腑的生理活动相对减缓，正是进补养生的大好季节。为了弥补夏秋季津液的损耗，冬季茶方配伍应重视"补液"。

1. 芪术茶

配方：黄芪15克，炒白术10克，白茶5克。

制作：将黄芪和白术加水煎煮15分钟，取汤汁冲泡白茶。

用法：每日1剂，可煎煮两次，多次冲泡饮服。

功效：益气，固表，止汗。适用于气虚易患感冒，表虚不固，自汗恶风等。

2. 萝卜茶

配方：白萝卜100克，青茶5克，食盐少许。

制作：将萝卜洗净切片煮熟，略加食盐调味，再将青茶冲泡5分钟后倒入萝卜汤汁内服用。

用法：每日1剂，分2次服。

功效：清肺化痰，理气消食。适用于咳嗽痰多，纳食不香，腹胀腹泻等。俗话说：冬季萝卜赛人参。意思说在冬天里吃萝卜其营养价值比人参还高，故民间有谚语："吃着萝卜喝着茶，气得医生满地爬。"

3. 橘红茶

配方：橘红6克，白茶5克。

制作：将橘红与白茶放入杯内，用沸水冲泡。

用法：每日1剂，随时饮服。

功效：润肺理气，化痰止咳。适用于冬季咳嗽痰多，咳痰不畅等。

益气茶方

气虚体质者适合饮用红茶，可搭配一些具有补气作用的中药茶材，如人参、西洋参、党参、黄芪、灵芝等。

1. 黄芪茶

配方：黄芪15克，大枣20克，红茶5克。

制作：将黄芪与大枣加水煎煮20分钟，取汤汁泡茶。

用法：每日1剂，可多次冲泡饮服。

功效：健脾养胃，补气升阳。用于纳谷不香，面色少华，疲惫乏力，气短汗出等症。

2. 洋参茶

配方：西洋参10克，绿茶5克。

制作：将西洋参切成薄片与绿茶一起放入杯中，用开水冲泡，盖闷5分钟即可饮用。

用法：每日1剂，饮至味淡，冲泡过的西洋参可嚼服。

功效：益气生津。适用于气虚津亏而引起的气短心慌，神疲乏力等症;也可用于虚火引起的内热口干,烦躁不安等症。

3. 党参茶

配方:党参15克,红枣10克,红茶5克。

制作:将党参、红枣洗净,加水煎煮10分钟,取汁泡红茶饮用。

用法:每日1剂,可多次煎泡。

功效:补脾益气,生津和胃。适用于身体虚弱,神疲嗜睡,食少便溏,心悸怔忡等症。

温阳茶方

阳虚体质者怕冷,不耐寒,适合饮用茶性温热的茶,如红茶、乌龙茶等。可搭配一些具有温阳驱寒作用的中药茶材,如冬虫夏草、锁阳等。

1. 虫草茶

配方:冬虫夏草5克,红茶5克,蜂蜜适量。

制作:将冬虫夏草放入茶盅,加适量水,隔水蒸20分钟,然后放入红茶再蒸5分钟,最后加入适量蜂蜜调匀。

用法:每日1剂,可蒸服2～3次。

功效:补肾壮阳。用于肾阳虚引起的神疲畏寒,腰膝酸软,小便清长,阳痿遗精等症。

2. 肉桂茶

配方:肉桂粉3克,红茶5克,冰糖适量。

制作:肉桂粉和红茶一起冲泡滤渣,过滤后汤汁加冰糖调匀即可。

用法:每日1剂,可冲泡2～3次。

功效:温肾壮阳,散寒止痛。适用于肾阳不足所致的畏寒肢冷,腰膝酸痛,寒凝气滞引起的痛经等。

3. 锁阳桑葚茶

配方:锁阳10克,桑葚10克,红茶5克,蜂蜜适量。

制作：将锁阳和桑葚置于锅内，加清水煮5分钟，取汤汁泡红茶，待稍凉后加蜂蜜调匀即可饮用。

用法：每日1剂，可多次冲泡。

功效：补肾阳，益肾精，润肠通便。适用于肾阳亏虚，腰膝无力，肠燥便秘，女子宫寒不孕等。

滋阴茶方

阴亏津液不足之人常表现为五心烦热、低热、盗汗、虚烦、失眠等一系列内热症状，适合选用白茶，再酌情添加具有养阴生津功效的食材或药材，如枸杞、桑葚、麦冬等。

1. 枸杞茶

配方：枸杞子10克，绿茶5克。

制作：将枸杞子和绿茶放入杯内，用开水冲泡。

用法：每日1剂，可多次冲泡饮服。

功效：润肺滋肾，养肝明目。用于肝肾阴虚引起的头晕目眩，腰膝酸软，视力减退，夜盲等症。

2. 桑葚蜜茶

配方：桑葚20克，绿茶5克，蜂蜜适量。

制作：将桑葚捣碎，与绿茶一起放入杯中，用开水冲泡，再加蜂蜜调匀即可饮服。

用法：每日1剂，可多次冲泡。

功效：滋阴息风，补益肝肾。用于肝肾阴虚所致的头晕目眩，心情急躁，口干便燥，少寐多梦，记忆力减退等症。

3. 玄麦茶

配方：玄参10克，麦冬10克，青茶5克。

制作：将玄参和麦冬加水煎煮15分钟，取汤汁泡青茶。

用法：每日1剂，可多次冲泡。

功效:滋阴润肺,生津止渴,清心除烦。适用于肺虚阴亏所致的干咳少痰,咽喉干燥,舌红苔少,心情烦躁等。

养血茶方

血虚体质者常表现为面色苍白或萎黄,唇甲色淡,头晕眼花,心悸怔忡,失眠健忘等,宜饮用茶性偏温和的红茶,可搭配一些具有养血功效的食材或中药茶材,如桂圆、红花、黄精等。

1. 桂圆红茶

配方:桂圆6枚,红茶10克,红糖适量。

制法:把桂圆、红茶分别整理干净,同放锅中,加水适量,旺火烧开,加入红糖,文火煮15分钟,过滤取汁即可。

用法:每日1剂,代茶频饮。

功效:补益气血,温暖肠胃。适用于惊悸怔忡、失眠健忘、贫血、虚寒腹痛、体虚怕冷等。

2. 红花茶

配方:红花3克,红茶5克。

制作:将红花和红茶一起放入杯中,用开水冲泡,盖闷10分钟即可饮用。

用法:每日1剂,可多次冲泡。

功效:养血活血,祛斑美容。可用于宫寒经闭腹痛,血瘀引起的月经不调,脸部色斑等症。

注意:孕妇慎用。

3. 黄精茶

配方:黄精15克,红茶5克。

制作:将黄精放入锅里,加清水煮10分钟,取汤汁冲泡红茶。

用法:每日1剂,可多次煮泡。

功效:养血填髓。适用于白细胞减少,对贫血有较好的防治作用。

消食茶方

1. 柠檬红茶

配方：柠檬2片，红茶5克（袋包装），蜂蜜适量。

制作：新鲜柠檬1个洗净，切成薄片，取一个容器，铺一层白砂糖，放一片柠檬，如此反复，最后盖上保鲜膜，冰箱冷藏2天。用时取柠檬片和红茶包放入杯中，开水冲泡5分钟，取出茶包，加适量蜂蜜调匀即可饮用。

用法：每日1剂，可多次冲泡。

功效：开胃消食，去腥除腻。可用于平素嗜食炙煿油腻之品，消化不良，胃纳不佳，口臭等症。吃虾蟹后用柠檬茶漱口、洗手会备感清爽。

2. 麦芽红茶

配方：麦芽20克，红茶5克。

制作：将红茶用沸水冲泡，3分钟后滤出茶汤备用；将麦芽洗净，加适量清水煮5分钟，滤出汤汁加入红茶茶汤中即可饮用。

用法：每日1剂，餐后30分钟饮用。

功效：健脾消食。适用于消化不良，食积腹胀等。

3. 白术乌龙茶

配方：白术10克，乌龙茶5克。

制作：白术洗净，将其放入陶罐加水煮10分钟，然后加乌龙茶再煮3分钟，取汤汁饮用。

用法：每日1剂，分3次温服。

功效：健脾益气，消食开胃。可用于脾虚食少，胃口不佳，精神倦怠等。

减肥茶方

1. 山楂荷叶茶

配方：山楂15克，荷叶10克，绿茶5克。

制作：将山楂和荷叶放入锅里，加适量水煮沸5分钟，滤出汤汁泡绿茶,即可饮用。

用法:每日1剂,可多次煮泡。

功效:利水降压,消脂减肥。适用于肥胖症,高血压,动脉硬化等患者。

2. 薏仁绿茶

配方:薏苡仁20克(炒熟),绿茶5克。

制作:将炒熟的薏苡仁和绿茶一起放入杯中,用开水冲泡即可饮用。

用法:每日1剂,可多次冲泡饮服。

功效:利尿消脂,瘦身减肥。适用于体内湿滞,形体虚胖者。

美容茶方

1. 玫瑰蜜茶

配方:干玫瑰花5克,绿茶5克,蜂蜜适量。

制作:将干玫瑰花和绿茶放入杯中,用开水冲泡3分钟,待稍凉加蜂蜜调匀即可饮用。

用法:每日1剂,分多次饮服。

功效:活血祛瘀,美容养颜。适用于女性气滞血瘀所致的皮肤粗糙,色斑沉着等。

2. 牛奶红茶

配方:纯鲜牛奶100毫升,红茶3克或袋泡红茶1包。

制作:将红茶用开水冲泡取汁,牛奶加热后与红茶汤调和饮用。

用法:每日1剂,分次饮服。

功效:暖胃养颜,滋润肌肤。适用于胃肠功能虚弱所致的神疲乏力,气色不荣,皮肤粗糙瘙痒等。

醒酒茶方

1. 葛菊双花茶

配方:葛花5克,菊花3克,绿茶5克。

制作：将葛花、菊花和绿茶放入杯中，用沸水冲泡，盖闷5分钟左右即可饮用。

用法：每次1剂，酒后饮用。

功效：解酒醒酒。能缓解酒后头晕恶心呕吐，并有保护肝脏的作用。

2. 橄榄茶

配方：青橄榄5个，白茶5克，冰糖适量。

制作：将青橄榄洗净切片，加适量清水煮20分钟，滤出汤汁，与事先泡好的白茶茶汤混合，加入适量冰糖即可饮用。

用法：每次1剂，酒后饮用。

功效：醒脾解酒。适用于应酬频繁，饮酒无度者。

（撰稿者： 应小雄）

第五章

茶艺表演

茶艺表演概述

茶艺表演的内涵

1. 什么是茶艺

严格意义上说,茶艺包含两个范畴和两种形态,即物质范畴中的茶和艺术范畴中的艺。物质范畴中的茶,以最佳表现形态为目标;而艺术范畴中的艺,则以最佳的艺术感染力为目标。其中,茶艺中的茶还同时包含一定的技术内容和艺术方法。如茶的生产、制作方法与工艺,表现茶汤水的选择与器具的运用等。由于茶艺中的艺是以表现物质中的茶为前提,而不是单纯地通过艺术的方法来表现某种思想、意境与情感,因此,茶艺中的艺是在物质中的茶的表现限定之内所通过艺术的形式与方法来同时表现茶汤的质量与艺术的最佳感染力。

2. 什么是表演

所谓表演,凡一人或众人当着一人或众人完成一件事物的过程即

《太平茶道》表演者:陆蓉

构成表演。表演是外在的形式与内容。所有的表演包括艺术表演,都是通过外在的形式与内容来表现内在的思想与情感。无论是静态艺术还是动态艺术,概莫如此。即便是自然形态所反映出的艺术感染力,那也是审美主体(人)本身的艺术素养所感知的,它在本质上与自然形态毫无关系。

那么,什么是茶艺表演呢?简单地说,茶艺表演就是茶艺的表演艺术。它通过科学的方法在表现茶汤质量的同时,运用艺术的肢体语言和其他艺术方法所表达的茶的精神内容。

茶艺也是一种表演艺术

认识与表达,是人类的两大基本功能,它是与生俱来的。婴儿从会爬行起,一听见音乐就会手舞足蹈,常常还很符合节奏。艺术的起源,也是人类迫切要表达自我的结果。如最初的羽石妆饰、凿型岩画和击石而舞等。表达什么呢?无非是要表达自己的思想和情感。即便是文字出现之后,这种艺术的表达不仅不会减弱,反而又从文字的表达中,更加丰富了它的表现形式,使艺术的表达日趋自由与完美。人类的艺术创造,无一不是从生活而来。人们从生活中一旦发现了它的美及由美而产生的力量之后,就会情不自禁地产生艺术表达的欲望。

茶艺表演也是如此。最初当茶作为药用只是解除痛苦的一种方式,人们不会在痛苦时发现美,也不会产生要表达这种痛苦的欲望。之后作为食用,也是为了解除饥饿,同样也不会从饥饿中感受美并产生要表达这种饥饿的欲望。只有当茶不因痛苦和饥饿而单纯地作为品饮之事,人们才从茶的美味中感受到快乐。又因为茶性的内容特别符合中国的人文精神,于是,用文化和艺术的方式来体会、赞美、讴歌它,这从汉晋一开始品饮茶起,茶与艺术就再不分离了。史载汉时以茶祭祀,晋时讲究择具和举式礼仪,唐时更是音画伴饮。至宋至明,丰富的茶艺已是登峰造极而影响后世后代。

茶艺生活有一个特殊性,即无论是煮茶、点茶、泡茶,还是饮茶,都必须由人的动作来完成。饮茶是快乐的。快乐的心情自然会产生快乐的动作。快乐的动作包含它的轻松感、熟练感、自由感和满足感,这些感觉自然会产生美。当这种美感一旦被感知之后,表达这种美的欲望也会油然而生。比如穿了一件漂亮的衣服,你立即就有一种要穿给别人看看的欲望。你行茶的动作是美的,再将其他美的艺术手段丰富、衬托你的行茶动作,如音乐、服饰、器物、环境等,使你的美更加接近一种完美。在表达这种美感时,又因为你的动作熟练感而同时表达的茶汤也彰显出它的美好,这样的美感表达过程,审美者会拒绝吗?假如在这种美感过程,还因为其他的艺术语言配合你在动作表达过程中运用艺术的肢体语汇表现出不同的情感,使你的动作过程带给审美者更多的感悟与共鸣,那么,你的动作过程又具有了一定的思想内容,思想内容的获得,也正是通过具体的艺术形式与方法所表达的情感共鸣和茶汤体会的共感结果所获得的,这便是人们常说的感悟的出现。由此可见,茶艺不仅是可以表演的,同时,茶艺也可以是一种表演的艺术。

茶艺发展到今天,出现了茶艺表演这一独特的茶文化艺术形式,是多么的令人高兴。一种事物,越是无界,就越有内涵,茶从有界到无界,才真正体现它的博大和精深。如果茶仅仅是以表现茶汤为最终结果,那茶在人类利用之初,就只能是药用或者是食用了。

茶艺表演的适应环境

作为艺术表演的茶艺,自然已经将茶席的设计、器具道具的选择以及服装、音乐、背景,甚至灯光等艺术手段加以综合运用,那么,在表演上也应与审美者(观众)有一定的距离要求。因此,茶艺表演更适合舞台性的表现。

茶艺表演并不等同于独自泡茶和茶艺演示。独自泡茶并不一定需要其他艺术手段的配合,只要按自己掌握的方法泡一杯自己喜欢的茶即可。而茶艺演示常常指的是近距离地为他人泡茶,如一桌客人坐在你的茶桌前看你怎样泡茶并品饮你泡的茶。你只要按科学的方法泡好一壶茶,在奉茶时表现出较好的礼仪即可。如你这时也像舞台表演一样化好妆夸张地做一个动作讲解一句甚至舞之蹈之,反而使客人感觉别扭。因为这时你与客人没有距离感。所谓"距离产生美"就是这个道理。

表演者：杨瑞华、黄永燕、王淑娟

茶艺表演的难点

任何事物都有长有短，任何人对任何事物的评判也会不一。茶艺表演也是如此。比如有人认为茶道是不能表演的；也有人认为茶艺表演是一种很表面化的东西；还有人认为茶艺表演都是一些年轻女性的作态，一边泡茶一边说着那些很哲学的话，感觉十分别扭，等等。应该说，这些看法都有一定的道理。

茶道的"道"，的确是不能表演的。道是精神的，是每个人对世界的不同理解。所谓"道可道，非常道"也是在告诉我们：道，不是我们说的那样。凡能说出来的都不是"道"。道，又怎么能表演呢？而"艺"却是可以表演的。还是称"茶艺"比较合适。

说是很表面化的东西，说明我们有许多茶艺的确表演得很肤浅，只注重了它的外在形式，忽视了它更为深刻的内涵表达。给人看到的只是打扮得很漂亮的人。记得笔者在早年前曾训练过一支时装模特队，开始时年轻的队员们也是很烦天天这样无止境地来回走着。后来才懂得：走的不是自己这个人和姿势是多么好看，而是要走出不同服装的性格和美。茶艺表演也这样，不是在表演你这个人有多么好看，而是要

165

表现出你泡的这杯茶有多么地好喝以及你在泡这杯茶时所传递给人的精神和感悟。

茶艺并不是仅仅只有年轻的女性才能表演。茶艺的表演应该没有年龄和性别的限制。笔者一辈子也不知表演过多少场，而且现在年纪老了，手脚不灵便了，特别是在表演前要准备器具、布置环境、布置茶席，上场表演细微的动作，有时手还会控制不住地抖动，可是从来没有受到大家的指责，反而为笔者真实、真诚的表演给以热情的鼓掌。许多茶界的专家都说，从茶艺表演中能看到我许多内心的东西。现在笔者还经常表演茶艺和香艺，也真的看见有许多人在看表演时满眼含泪。每当这时笔者在台上，心中都会充满着对他们的敬意。我在表演时从来不说话。一旦说话，就会影响专注的艺术肢体语言和内心真实情感的表达。所以说，一个茶艺表演，是不能做一个动作然后说一句话，那样，做也做不好，说也说不好。特别是那些很文化、很哲学、很诗意的话，别人一听就知道那不一定是你这么年轻就具有的素养和功底所能感悟的。因此，在茶艺表演中没有必要做一个动作解释一句，要善于把思想的空间留给观众，努力把茶汤的美、艺术的美和真实的情感传递给观众就够了。

茶艺的表演，其实是一种很难表演的艺术。不是你会泡茶就能表演，也不是你会跳舞或演戏就会表演。它的难点表现在以下几个方面：

它是物质与精神的不同范畴的融合；

它需要进行生活与艺术的不同形式的把握；

它需要体现艺术肢体语言的自由性与行茶规范动作的限制性；

它是把强烈的艺术感染力与冷静的科学方法融合在一起的表达。

茶艺表演的本质与精神

茶技、茶艺与茶道的关系：凡以一定的标准（如数量标准、程度标准等）为目标的行为及方法即称为技术。茶事行为也不例外。

茶技，指的就是表现茶的科学方法。如泡茶的"三要素"原则等。同时也包括制茶的科学方法与工艺。

茶艺，指的是在科学表现茶汤和感受茶汤的过程中，运用艺术的形式和手段表现茶的美好与精神。如茶席的设计和茶艺的表演等，以及一切以表现茶的美好所形成的艺术形态与空间形态,如将各种艺术形式和方法运用在表现茶的美好生活,都可以称作是茶艺。

茶道,通常指的是一种精神内容。在茶的生活中完全是一种自我的因茶而获得的精神感受。

故此,三者的关系应是:茶技为基础,茶艺为体现,茶道为感受。

茶技的结果虽然也能呈现美,如运用"三要素"的方法,就能泡出香气各异、汤色美丽、滋味美好的茶汤来,但这种评判是"三要素"的行为人与感受人依据个人的感知经验与素养而确定的。它与"三要素"的结果本身在本质上没有关系。何况,人类运用于自然的所有经验与方法,从目前来看,大多是对于自然现象及变化规律的仿照与仿生。如锯是仿叶齿,飞机是仿鸟翼的飞行等。又如彩虹的出现,其本身是一种自然现象,无所谓美或不美,人类认为美,也是人类依据自己的审美经验对其评判的结果。所以,这种人类对于自然现象及变化规律而获得的运用于自然的方法,并不能自然、直接地为人类体现美好和感知美好。作为方法的茶技也同样如此。

人类的美感认知是生理与心理的愉悦与满足的结果。无论是快乐还是发现,都一样。美感认知产生艺术。同时也不断产生丰富的艺术类

感受茶道

型、形式和方法。由于人类掌握了这些艺术方法,因此所有的物用对象和生活方式才变得这样无所不在的艺术化。我们今天眼前、身边的哪样东西不是在功用的前提下形态和色彩的结果?就连武器也不例外。比如冷兵器的时代,几乎每一种兵器也都是艺术品。茶是人类选择的一种生活,所以随着人类对它的认知不断地深入,在药用、食用的利用之后,便很快发现了它的文化价值和精神力量。于是,作为最能表现这种文化价值和精神力量的艺术方式和方法,也就自然和茶永远联系在一起了。

人类的精神是文化的结果。什么样的文化产生什么样的精神。不同民族不同传统产生不同的文化。不同民族不同个人都会在不同文化的影响下形成一定时期的意识倾向,这便是精神。中国几千年的传统文化早已渗透入一代代中国人的骨髓。其人义精神也同茶性所赋有的品德不谋而合,这便是奉献和爱。

故此,我们已清晰地看到:茶艺表演的本质是美,茶艺表演的精神是爱。

艺术肢体语汇的运用

人类的生存、生活动作,是艺术肢体语言产生的源泉。它们分别由形式肢体语言、情感肢体语言和莫名肢体语言三个部分所形成:

形式肢体语言:器物——使用——动作——艺术肢体语汇;

情感肢体语言:外界事物——内心情感(惧怕、喜悦等)——下意识行为——艺术肢体语汇;

莫名肢体语言:无意识行为如由体质、体能因素造成的残疾、病态行为等——习惯动作(如搔痒、遮挡等)——艺术肢体语汇。

这些人类原始的生存、生活动作经艺术方法的再造,才能美好地应用到艺术肢体语言的表现形式中。

艺术肢体语汇及其主要特征

"语汇"一般是指语言中所有词语的总和,也指一个人或一部作品

彭莉表演的"佛手法"

中所使用的词语的总和。在人类科学与艺术的表达中，为了便于专业的认识与掌握，不同科目与类别也逐渐形成了更加细化的表达符号与方式，这种具体的符号与方式也称作为语言。不同科目与类别的语言总和也叫作"语汇"。如数学中的数字、符号和方程式等就是数学的语言及语汇。又如在艺术类中音乐的表达，音符、音节和节奏、旋律等就是音乐的语言及语汇。

　　人类艺术总体分为三大类型：一是人类创造的静态艺术和动态艺术，如美术作品和影视作品等；二是人类依据自身的肢体和声音所表现的艺术作品，如舞蹈和歌唱等；三是人类依据自身的肢体、声音与所创造的艺术品或其他所共同表现的艺术，如曲艺、杂技和综合艺术等。

　　艺术肢体语汇，属于艺术类别中由人的肢体造型与动态行为所表现的艺术符号与方式。其单个的符号与方式称作艺术肢体语言，它们的总和称作艺术肢体语汇。如戏曲中的"亮相""拉山膀""走圆场"，舞蹈中的"造型""云手""倒踢"等。这些人类艺术各个类别的专业语言及语汇，极大地方便了人们的学习与掌握，同时，也为艺术理论的研究提供了重要基础与内容。

艺术肢体语言的主要特征如下：

一是它以真实、自然的生活形态和生活行为为基础，通过以美感为核心的肢体表现过程，完成对生活形态和行为的艺术再造；

二是艺术肢体语言的表达，是在与音乐及其他艺术语言的共同表达中所完成；

三是艺术肢体语言的表达，同时反映着表演者内心的情绪和情感。

茶艺表演中艺术肢体语言的基本特征

茶艺表演，作为一种独特的艺术表演形式，是当代艺术的一种创新。同时，也在人们的不断艺术实践中，逐步形成了丰富的艺术肢体语言及语汇。这些独特的茶艺表演艺术肢体语言，在科学地表现茶汤质量的同时，给人以茶汤和艺术多重的美好享受和心灵感悟。同时，也成为喜爱和从事茶艺表演的爱茶人一种必不可少的学习方法。其基本特征如下：

一是它以真实、自然的行茶动作为基础，通过以美感为核心的肢体表现过程，完成茶汤的质量体现；

二是茶艺表演的艺术肢体语言表达，是在与音乐及其他艺术语言的共同表达中所完成的；

三是茶艺表演的肢体语言表达，同时反映着表演者内心的情绪、情感和文化内涵。

茶艺表演艺术肢体语言与生活泡茶动作的异同

其一，生活泡茶动作追求目标实现的直接性，而忽略表现目标实现过程中的美感间接性；茶艺表演艺术肢体语言则在追求目标实现的过程中，注重美感与情感的体现。

其二，生活泡茶动作以简单、方便为特征，而忽略身体的完整配合；茶艺表演艺术肢体语言则追求在轻松、自然、美好、熟练的动作中，注意身体配合的完整性。

其三,生活泡茶动作以实现茶汤的质量为唯一目标,而忽略其他内容的融入;茶艺表演艺术肢体语言则在为实现茶汤质量的同时,融入文化与思想的内涵。

其四,生活泡茶动作表现为极大的随意性,而忽略其他艺术形式的多重体现;茶艺表演艺术肢体语言则在表达中,善于依靠并运用其他多样的艺术形式来共同完成。

茶艺表演艺术肢体语汇的运用

1. 器具运用的艺术肢体语言

茶艺表演中运用的器具及道具众多,其基本把握是:在确定手型、手姿、身姿、力度、时度、气度和身手配合中,用心表现出熟练、有序、轻松、自然、连贯、专注、真情的艺术感觉来。

手型,是指手握器具的形状。要求在着力准确,使用方便、自如的前提下,根据艺术表现力的需要确定手的形状。

手姿,是指手握器具在使用过程中变化的形状及双手配合的形态。要求变化中的手型不失艺术的造型美。

身姿,是指器具使用中身体的不变姿势和在变姿势。要求是,不变姿势不失为在变姿势准备的形态美,在变姿势不失不变姿势的整体美。

力度,是指器具使用过程中手对器具拿捏在初始、运行、结束时力量的轻重把握。要求力要从使,从体,从心,从美。

时度,是指器具在运用过程中前一个手姿转至后一个手姿及停顿的时间长度(通常是根据音乐的小节来把握)。要求根据行茶的实际需要来确定时间的长度。

艺术肢体语汇的运用

气度，是指器具运用过程中呼吸的轻重、长短感觉。要求呼吸随行，气韵自如。

身手配合，是指器具运用过程中身体各部位如手、臂、头、身、腿等局部或全部的配合。要求应根据需要来确定，尽量减少配合的部位，并保持身体形态的整体美。

器具使用，是茶艺表演的关键。它既是表现茶汤质量的过程，也是表现文化、情感、礼仪和艺术美的过程。因此，在器具使用过程中，要用心地表现出一定的艺术感觉。这些艺术感觉一般是通过以下的一些艺术方法来达到：

一是熟练。熟练，不仅是茶艺表演，也是所有由人来完成的动态艺术所必需的表达基础。熟练，才能保持镇静而不慌乱，行为才会放松而自如。因熟练而产生的平静，又会自然体现于表情，同时感染于观赏者。

二是有序。有序，就是从出场到退场整个表演过程中全部的艺术肢体语言按先后顺序自然表现每一个程序和方法。有序，就会有条不紊，其中重要的程序部分是行茶。要在冷静、严谨而又深情中按序而行。

三是轻松。轻松就是在心理上完全放松的感觉。这种放松，应该是真实的心理状态，而不是故意做出的一种放松的样子。心无杂念才能放松。放松才能身轻如燕，抬大如小。

四是自然。自然就是形态和行为随心、随体、随物、随人的天然状态。自然的前提是自由。首先要在心理上消除别扭、压抑、紧张、阻梗、痛苦等非自在之感。内心自由了，形态和行为才会呈现自然的美。自然的状态也如行云流水，风吹云动，水到渠成。自然，也是美的最高境界。艺术的所有努力都是为了更加接近于自然而为的。

五是连贯。连贯就是艺术肢体语言之间自然的相连，没有断裂感。任何事物都是由一个个具体的局部所构成，艺术也同样如此。但作为视觉对象的动态艺术在运用艺术肢体语言叙述时却需要呈现它的完整感。就像你对他人说一件事，不能说一个字停顿一下，然后再在不断地停顿中来表述，要一口气把一句话说完才行。因此，达到完整感的唯一方法就是把一个个具体的局部相连。这种相连像是一种无缝连接，具体表现为每一个肢体语言的呈现都是由前一个肢体语言过渡而来，而不是一个一个肢体语言单独地完成。也像在画一个又一个圆，手未停，圆已成。

六是专注。专注就是对具体对象的心神而一。无论是形态或行为的表达，都要做到手到心到、有备而来，聚精会神、心无他顾。专注，也最容易表达内心的情感。所谓"顾之深，情亦深"即是。

七是真情。真情是艺术表演最可贵的品德，也是艺术感染力的最动人之处。作为茶艺表演艺术，就要像茶那样，在最鲜嫩美好的时刻，"死去活来"，也要把最有价值的精华奉献给人类，这便是深深的爱。一个茶艺表演者，就要真情真意，心中只想着一个念头，那就是千方百计，调动全部艺术手段，泡出一杯深情的茶，去奉给深爱你和你深爱的人去喝。真情即是爱，真情自然美。爱与美，也是茶艺表演的精神与本质。

茶艺表演所运用的器具众多，每一个器具在使用时都有不同的手型、手姿、身姿配合，在使用过程中需把握的力度、时度和气度。而且同样的一个器具又有不同的样式。如同样是杯具，又有碗、盖碗、杯、盏、盅等。即便是杯，又有直身玻璃杯、有耳玻璃杯、大口敞杯、小型品茗杯、公道杯等。形状、质地、功用不同，大小不同，其手型、手姿等也各不相同。因此，表现它们的艺术肢体语言也不同。

把握力度、时度和气度

173

炉具是茶艺的重要器具之一。炉具的形制决定其相应壶具的煮水方式。炉具又分传统炉具和现代炉具。传统炉具有金属炉具和泥陶炉具；现代炉具多为电烧炉、电磁炉以及酒精炉和气烧炉等，酒精炉和气烧炉因气味浓烈正逐渐被淘汰。电烧炉和电磁炉一般在日常生活中使用，除表现现代生活题材外，在茶艺表演中不作为观赏对象而隐蔽使用。茶艺表演一般采用传统的以炭燃烧真火煮水的金属炉具和泥陶炉具。传统的金属炉具体大雄浑，古意盎然，在茶席中十分醒目。泥陶炉具乡风野趣，文格雅致，也方便多用。

茶艺表演中传统炉具表现的艺术肢体语言主要为理灰、置炭、燃炭、添炭、上壶、助燃等几个程序，配合使用的有炭篓、炭、燃木、火筋、烛火、蒲扇等。

理灰，即用火筋将炉中的冷灰整理平实，并开出灰槽。

置炭，即用火筋将几块易燃的引炭（引火之炭）从炭篓（讲究的也有将引炭放在专门的炭盒中）或炭盒中取出夹放在灰槽上，以便引炭下方架空通风。

燃炭，即用火筋夹住燃木在烛火上点燃，再将点燃的燃木置于引炭下使引炭燃烧。

表演者：潘黎萍、杨元元

添炭，即用火筋将炭篓中的炭取出添加在已经燃烧的引炭上。

上壶，即将盛有水的壶放在炉上煮水。

助燃，即用蒲扇扇炉，以加大火势。

从以上炉具使用的每个程序和方法中，我们可以看出，艺术肢体语言的运用十分繁多。它既包含了生活中的燃炭过程与方法，又包含着许多文化的内容。如"火要空心，人要虚心"等思想。都需要我们运用艺术的肢体语言将这些内容表达出来。

炉具语言的表达，还根据不同时期不同炉具的艺术特质和文化内涵来变化我们的艺术肢体语言。如汉代的"鼎鬲"、唐代的"风炉"、宋明的"竹炉"、清代的"龙凤锅"、道家炼茶的"太极炉"、佛家煮水的"钵式炉"等，在艺术肢体语言的表达上还要体现它们各不相同的艺术风格来。如汉唐时期的服装都是大袖，不方便火事，在使炉过程中就要有撸袖的语言。又如道家的"太极炉"，在煮水的过程中，还要运用阴阳之理，呼唤乾能坤力来助燃炉中之火。这些都要采用专门的道家手诀语言来表达。

又如壶具语言：壶具是盛水、煮水、泡茶之器。也是古往今来器型最为丰富的器具之一。迄今发现，早在新石器时期，就有用硬陶烧制的有耳盛水壶具，以吊在树杈上烧水之用。

壶具以样式分有吊壶、执壶、把壶、提壶、耳壶、暖壶、长嘴壶等。

吊壶，是以铁丝钩住壶耳吊在树杈或高处烧水。

执壶，多为古代无把或有把高身之壶。该壶一般仅作盛水，不作烧水之用。如晋代的"熟盂"，也称执壶，是盛熟水（开水）之用。

把壶，是有把（柄）可手握之壶。南方也有用金属或泥陶做的把壶称作为"吊子"。

提壶，也称"提梁壶"。有固定提梁和活动提梁。固定提梁常为容量较大的烧水壶。佛家泡茶的"佛手注"即为固定提梁之壶，容量较大，可供众多僧人饮茶。以往茶馆用壶，也多用固定提梁的大壶。活动提梁有单提和双提，可提可垂，便于投茶注水。一般作泡茶之用。

耳壶，即是我们常见的有单耳的手执小壶。

暖壶，是无耳无提的小壶。壶流较短，壶嘴较小。冬季常作暖手之用，也可小饮解渴。

长嘴壶,是蜀地茶馆中常用的铜质壶具。以方便服务有一定距离的杯盏续茶而用。后也作为表现蜀地茶艺特色的茶艺表演而闻名。

壶具以质地分,又有金、银、铜、铁、陶、瓷、石、玉、紫砂、玻璃、琉璃等。

金壶,最早出现在唐代,后宋明清都有金壶出现,多为宫廷贡品,不作实际煮泡茶用。

银壶,最早也出现于唐代,为宫廷内造,后宫贵人常用。当代,日本银壶流入后,国内也盛产银壶,以煮水易释放银离子杀灭水中的细菌病毒、软化水质等原因为许多人喜爱。

铜壶,自清代起为民间常用壶具,有大有小,有煮水有泡茶。上海人今天早已不用铜壶,却仍旧习惯地称各种不锈钢壶为"铜吊"。四川茶馆中普遍使用的长嘴壶也多为铜制品。

铁壶,历史最早,汉代的鬲(煮水壶)就是以生铁铸造。后各代皆同。铁壶因能吸附水中的氯离子,煮出的水会释放二价铁,可补充人体所需的铁质,同时能保持水温,蓄热能力强而受人推崇。

陶壶,历史悠久,使用也很广泛。煮水泡茶皆可。

瓷壶,非煮水之壶,仅作泡茶用。因瓷壶釉质光洁明亮,色彩丰富,作为泡茶壶,古人视其贵于陶壶,有"陶不上案"之说。

石壶,道家喜用,民间鲜用。

玉壶,清宫廷常见,民间也多。但因其材质贵重,又与石壶一样泡茶易冷而不被常用。所谓"一片冰心在玉壶",也表明其降温速度快的特点。

紫砂壶,属细陶类。因其保温性和透气性强,是广受人们欢迎的一种壶具。

玻璃壶具,出现较晚,20世纪90年代初由台湾茶界推出的一种酒精灯煲水的提梁玻璃壶流行一时。现各种样式的玻璃壶已很丰富,大多为泡绿茶之用。玻璃壶透明如镜,可赏茶叶在壶中活动、变化的样子及过程。仅少数需微火煮茶如普洱老茶、老白茶类,用玻璃壶作煮茶用。

琉璃壶,不仅透明,且色泽丰富艳丽,贵雅兼得而广受茶人宠爱。琉璃壶高温烧制,可煮可泡。爱茶人喜以同色或不同色小巧琉璃杯盏相配,摆于茶席之上,令人爱不忍饮。

持壶手法变化多端，是煮（泡）茶的主要肢体语言，仿佛之前的所有肢体语言都在为这一刻而作准备，所以，大多摄影所表现的茶艺造型与动作都是反映持壶而泡的画面。

壶具表现的艺术肢体语言因持壶的大小轻重和肢体运用的需要确定其手型、手姿、单手、双手、手臂、头、身等的配合形状与程度。其基本艺术表现规律是：

小壶依力于指。

大壶依力于手。

重壶依力于臂。

把壶、耳壶单手掌握。

提壶、执壶双手配合。

入茶体端。

注水体倾。

取壶抬手而握。

送壶从心而出。

归壶由身而入。

除此以外，壶具表现的艺术肢体语言还应根据茶艺的不同题材和不同风格运用与其相适应的专业艺术肢体语言来表现。如表现佛家的《太平茶道》，其注水的壶要采用佛家的"佛手注"手法来表现。又如蜀地特色的长嘴壶茶艺表演，其主要肢体语言是臂、身配合的表现，而非手形变化之长。

除此以外，还有杯具语言、盒具语言、钵具语言、承具语言、工具语言等。

故古人曰："工欲善其事，必先利其器。"善，即善于，就是一种机智和能力。茶艺表演有一个重要的内容，就是首先要煮泡好一杯茶。这就要求表演者非常善于运用这些工具。

专业艺术肢体语言

每一件的取舍、拿捏,手型、手法都要准确。而表现这些的手型、手法的艺术肢体语言,也要在其动作准确的基础上进行把握。是拿还是拿捏?是转还是旋转?都要将科学的方法和艺术的表现巧妙地结合在一起。可见,手的语言是多么重要。

手的语汇最初是人们在生活中作为一种声音的语言配合方式而出现。久而久之,它又作为一种可以脱离人的声音语言而独立表达的语言方式。比如在招呼他人时,不用发声,只要招一招手,对方就会准确地明白他的意思。这便是一切手的语汇来源,同时也是聋哑人手语的来源。在聋哑人的生活中,作为表达和交流的工具,其丰富的手语及变化规律早已成为一种独立的语言文化而存在。

茶艺表演中手的语汇,是融茶的泡、饮方法和茶艺情感与思想的表达所提炼的一种手的艺术语言表现形式。它以手的生活语言为基础,以美感为特征,并可以脱离声音语言表达而独立进行内容的传递。

一个兰花指,常人能有几多种?而京剧艺术大师梅兰芳却可表现出百种以上。可见艺能有高下,艺术无止境。茶艺亦如此,同样的动作,不同人却可表达出不同的情感和思想。高下之分,深浅之分,雅俗之分,全在于对艺术和真理的不倦、不屈追求之中。

2. 礼仪行为中的艺术肢体语言

古人言"邦之大事,唯祀与戎"。祀是指祭祀中的礼仪内容。戎是指戎边。意思是说要管理好一个国家,必须要注重两件大事,一是对内要加强礼仪的管理,二是对外要加强军事的保卫。可见礼仪的重要性。

中国是个礼仪之邦,全部的礼仪内容都表现在所有的一言一行中。也就是说,无处不是礼。茶艺是一种生活行为,自然会包含很多的礼仪。这些礼仪以敬为主体,大多是道德的反映。因此,它也成为茶艺要表达的重要肢体语言内容。

(1)站。在茶艺表演中是恭、尊、敬的礼仪表述。主要表现于两种情形中,一是短暂站立时刻,即准备上场时刻,二是候奉茶汤时刻。无论哪一种站立,其站姿都是生活静力的造型。是一种表态的美,也是发展不同质感动态美的起点和基础。古人说"站有站相",这个"相",就是挺拔、典雅的样子。

《太和茶道》中"笔壶"的运用（表演者：栗莹）

　　其基本要求为：头正，颔收，肩垂，挺胸，收腹，立腰，直腿，拢膝，脚呈"V"字形，右手握左手自然垂于腹前。表情自然，眼睛平视，嘴微闭，容微笑。

　　（2）坐。在茶艺表演中是候与待的礼仪。也是坐式行茶表演的一种姿势。要坐得沉着、稳重、文雅、端庄，并便于四肢的自由伸展。

　　其基本要求为：身体端正舒展，重心垂直向下或稍向前倾，腰背挺直，臀部占座椅面的2/3。精神饱满，表情自然。女性双膝并拢，双腿交叉或侧身左脚放在右脚后。男性两腿分开。

　　茶艺表演开始时，从椅子左右任一侧入座。女性着裙装入座时，应用双手将后片向前拢一下，以显得娴雅端庄。

　　（3）行。在茶艺表演中是亲与示的礼仪。一般表现于出场、退场和奉茶中。行在茶艺表演中虽然表现的时间不长，有的表演区域小只有短短几步，但又是最见功夫的几步。一个人的外形可以装扮，但几步一走，是雅是俗，是贵是贱，都会体现出来。有修养的人，一抬手，一举足就能看出，那是长年累月养成的。一个初次登台的人，也会从她的一举一动看出她的生疏、胆怯和不自信。茶艺表演往往是慢板的节奏,慢步又比快步更难走。要走得轻松,走得自然,走得自信,走得雅致,非一日可成。其脚形脚步,四肢配合,身段神态,都要反复训练才行。茶艺表演中的走,还反映给观赏者亲切、亲近的感觉,如同亲人走来,而不是仅仅一个表演者。

从古至今,行的礼仪多种多样。有稳步、健步、趋步、禁步、踢步、缓步、碎步、阔步、亦步亦趋以及佛教中的莲步、道教中的禹步等。不同的步姿表现着不同的礼仪语言,这些都可以在茶艺表演行的语言方面加以运用。

(4)跪。最早出于跪拜。《庄子·天宥》说:轩辕黄帝去空峒山向广成子问道,见广成子时"膝行而进,再拜稽首而问"。春秋战国时代,跪已开始成为另一种表示尊意的坐姿了,称跪坐。跪坐是从周代贵族"正坐"姿势为基础形成的,是一种非常重要的礼仪。

跪坐的重要标准是坐姿端正。所谓正襟危坐,就是要求坐前先整一整衣襟,然后端正而坐。

跪,在茶艺表演中,主要表现于仿古茶艺和某种禅意生活的茶艺以及日本、韩国等茶艺。

表演者:刘美芳、李娜、魏娜

跪式茶艺表演，还要考虑好与表现器具的跪距。跪式茶艺的茶席一般分为地铺和矮几铺。矮几铺有茶几遮挡，可稍移跪距，而地铺坐姿一览无余，行茶时随意移动跪距显不端庄，应事先计算好跪垫与茶席的距离，以便行为自由。

（5）礼。即行礼。行礼是礼仪方式最直接、最繁多的一种礼仪行为，它由各种严格的仪规程序和形式构成。如国有国礼，社有社礼，迎有迎礼，送有送礼等，可谓无礼不在。行礼还分男女。男性相互行礼多为"拱手礼"。女性相互行礼，一方行什么礼，对方也回什么礼。女性向男人行礼，男性必须以端坐回礼以示庄重。女性向男性行礼不可抬头，以示妇道。男性向女性回礼不能面带笑容，以示肃然。

在茶艺表演中的行礼规定也很多。如按朝代分，秦为周礼。汉为喏礼，也称"唱喏礼"。唐为遮颜礼、叉手礼。宋明为万福礼，也称"道万福"。清为"屈膝礼"。近代为鞠躬礼等。总之，你穿哪个朝代的衣服，就该表现哪个朝代的茶艺，就要行哪个朝代的礼。不能都是行鞠躬礼。

（6）赏。即向宾客示茶，请宾客观赏，以表真情。赏茶常以茶荷捧赏，双手捧送至客前。如赏客多，应缓慢移至每一位宾客面前，不可

表演者：张吉敏

一晃而过。如遇有客细看,应止步待赏,待客人示意赏毕再移步。赏毕再将茶荷留至主客或中位客人桌前,以备茶客复赏。然后面朝宾客小退两步再转身离去。切勿近客转身,留背于客。

（7）奉。即为敬茶。敬茶礼也有很多规定,敬一人还是敬众人都有不同。敬一人,要举,就是举杯齐眉。右手握杯,左手扶杯,双手而举。举杯行礼,最早出自晋代。晋人已始饮茶。晋杜育《荈赋》即有"……器择陶简……取式公刘"。敬众人,要将杯盏自左向右各举数次。每举一次都要将手中的杯盏转动一下,以示平等、恭敬。若端盘敬茶,盘中数杯,一杯敬一人,每敬一次需左腿屈躬一次,并将杯盏轻移至客前,或放杯后摊掌示意。

除以明显的身体语言所表达的礼仪,茶艺表演还在具体的行茶过程中,通过具体的行茶行为表达出不易使人觉察到的礼的内容。如:

用与备:是指双手在运用过程中,一只手在使用,另一只手暂时未使用作准备之用时的手形、手姿、手位等所表现出的礼的内容。如常常出现的右手正在使用器具,左手作为备用时,手位不能藏于桌下,藏示不诚。无桌应拢指平掌扶于左腿;有桌应半手扶于桌沿。展手表示坦诚,展手就要展开,不能以拳而示。一拳紧握于桌面,武相咄咄,不文不雅。同时握拳于桌面,必然身姿前倾,身即不正。站姿备手勿垂。垂显散塌,不恭不肃。用手若端,无论端小端大,备手都应自然相扶、相托、相垫、相挡,以示恭敬。

里与外:是指手握器具行茶时器具在手中所显示的里外形态。古人认为"器亦人。器亦言",是说器具也像人一样有尊有卑,器具也像人一样会说话。在茶艺表演中,手中的器具所显示的形态也如人一样,器正人正,器尊人尊。器倒器歪,器里器外,同样也在表示或暗示着一种语言。如"客在不扫",是表示有客人在,不能当着客人的面扫地。若扫,即为赶客人走的意思,以为非礼。在行茶的过程中,器具的里外常表现于运用中的形态。弃水时不可碗底示人,斟水时不可壶底示人,分茶时,公道杯不可杯底示人。杯(壶)底示人表示已尽。特别是公道杯一次次杯底示人,暗示不断,非常显眼。同时因公道杯由外朝里分茶,身体前倾过度,臂用时间过长,有损整个身姿形象。故,行茶时手中

表演者：吴洁、魏娜、李娜

器物，能直则直，不能则斜；能平则平，不能则扬；能外则外，不能则侧。

左与右：是指手中器物运自方向的一般规制。也表现器物近手先手，远手其后的原则。如左边的器物左手先取，右手跟取；右边的器物右手先取，左手跟取，切勿反之。

前与后：是指手中器物运自远近的一般规制。如手中器物远距运用，应单手把持。双手把持则身姿前倾过大过长。一般远距器物，应先单手取至胸前，再双手运用；身前近物，则应双手同把持至席中运用。这样不至低头时长，以保身姿常时端庄，着力也感轻松、自由。总之，身姿前倾或低头时长，有忽略、怠慢宾客之感。

高与低：是指器具运用中具体器具距离茶席高低程度的表现。一般而言，器具运用应随手而为。其手位应在茶席的中心位置或对应器具在茶席的位置。这样使用轻松、自然，也容易体现身姿的整体美感。除特殊语言的表达外，手位不可特别地夸张其表现的高度与低度。如揭盖，应对壶（杯）口揭开即可。不能揭盖后将盖随手夸张地举得很高再慢慢放下。夸张是艺术的一种常用手段，但夸张有度才是美，夸张无度即为丑。现丑，也是对他人之不敬。

取与归：是指具体器具使用过程来去变化的表现语言。在茶艺表演中，对他人（观赏者）表达的一种由心而发的真诚态度和情感应贯穿始终。那么，怎样来表现这种由心而发呢？这就是表演者取用任何器具，都取入胸前，然后再从胸前放至归处。这是一种极鲜明的艺术肢体语言，让人一看就明白。同时，在艺术表现上又增加了手姿和身姿的动律，避免了臂力的呆板移动，便于在呼吸的体会中表达真挚的情感。真诚是礼的基础，也是礼的核心。没有真诚，一切的礼都是虚伪、虚假的空壳。

放与收：是指作为表演所用的全部茶器具在行茶前的布置与行茶后的收拾所表达的礼仪语言内容。它表现一种规整、有序、从容、坦诚、完美的艺术感觉和礼仪方式。

放，通常在布置前已按取物的近手先后顺序将全部器具摆放规整。摆放时应有条不紊，按每个器具的摆放位置从容摆置。一般先放茶席中位的主器具，如泡茶的壶和杯盏。然后，再按前左右后的顺序摆放其他。摆放一个个器具，如同安置一个个将要与你共同努力的亲人或朋友，神情中应表现出待发、自信的感觉。

收，通常在完成奉茶、饮茶毕，即所有行茶程序完成后，对全部器具进行收拾归位。收拾时应按摆放前确定位置按序归位，以示从哪里来仍旧回哪里去。每收一具，缓慢放下，依依不舍，也是一种道别。

茶艺表演中男女动作的区别与把握

常言说：男有男像，女有女像。像者，样（模样）也。男女最直接的差别就是男性个子大，力气大，女性个子小，力气小。人的心脏的大小通常和拳头差不多，因为体型上的差别，显然男人的心脏都比女人大。心脏大，泵力大，力气就大。所以，女性的力气自然就比男性小。其次，是心理的差别。男性性刚，善攻，征服欲强。女性性柔，善韧，表现欲强。因此，在动作的自然差别上，其主要特征是：男重势，女重姿。

势，体现于力，体现于气。即所谓势力与气势。由此，男性动作的特点是大度、大方、大气。

姿，体现于态，即姿态。由此，女性动作的特点是温柔与优雅。

因男女的势、态之别，在茶艺表演的动作上自然就有着具体不同的

艺术肢体语言的表达:

在站姿上,男重挺。挺,即挺拔、昂扬;女重型。型,即形体、造型。男性的站姿挺不挺拔在于肩,昂不昂扬在于首。昂首挺胸自然挺拔,手臂手掌自然垂下。女性不能挺,而要松。松即是自然垂。两手相握自垂于小腹前。女性的造型最重要。这里的型,既是指站姿的形状,更是指服饰的穿着搭配。从来女人九分妆,可见衣装的重要性。衣装首要是得体,不是什么衣服好看就穿什么,而是你穿什么好看就穿什么。

在坐姿上,男重稳。稳,即稳重,有定力;女重信。信,即自信,落落大方。女性拢腿而坐,方显优雅;男性张腿而坐,方显其稳重与大气。女性稍稍欠身,也是一种柔美(即阴美,甚至病态美);而男性则一定要坐得挺拔,才显阳刚美。不"张",何谓"扬"?故张扬,也是男性的一种性别特征。

在行姿上,男重度,即风度、气概;女重韵,即风韵、韵味。行,最能体现形象。男性行走时不能步态过小,步速过慢。不能像行船一样走碎步。这在出场、奉茶等"行"的过程中,要与女性有所差别。故女性的行走,重在韵味。所谓风姿绰约、风情万种即是,而不在力度与速度。

在动作上,男重洒,即洒脱、潇洒;女重雅,即雅致、优雅。所谓潇洒,即挥洒自如,又气象万千,不拖泥带水。如取物、使物,可单手完成的不用双手,方显得大气。而女性天生力气小,要善于以巧取胜。巧的特点是方法灵活,单手不行就用双手。凡双手取、使体积、重量并不过大的茶器具,不需臂力,腕力足够。于是,依靠双手的腕力来取物、使物,就成了泡茶中女性的基本艺术肢体语言特征。

在内心表现上,男重在,即自在、自由和自得;女重情,即情意、情怀。自在即是自知,明白自己的存在、价值和意义。自由是内心的宽广与坦荡。不压抑,不纠结,行所为,心所为。自得是知止的满足,赠与的快意。情是女性的魂,也是女性的灵。情在,世界就在。优雅春风去,点妆秋水来,皆为满满一杯茶,香溢在人间。

男女差异是最典型的差异,也是世界上最复杂的一种差异。它既是性别现象,又是性格现象。它既是自然现象,又是社会现象。它们之间既有着鲜明的独立性,又有着相互之间的关联性。在茶艺表演的肢体语言运用上也是如此。男性既是刚强的,却也有柔软的一面;女性是温柔的，却也有刚烈的一面。故此，一切都看在具体的内容表达上，以及不同程度的把握。如：男性握具要有力，但不是握死力；男性坐姿要稳重，但不是沉重；男性使具幅度要大，但不是夸大；男性也重型，穿戴也要得体；男性也有情，无情不男人；男性要大气，细微也动人。反之，女性重姿态，但不能忸怩作态；女性重真情，但不能风雨都传情；女性重柔美，但不能处处发大水。总之，要刚柔并济，武文有怀，动中见静，杯中看海。一切都在度与不度之中。那样，男也罢，女也罢，品的是茶，传的是情，念的是想，懂的是真，看的都是一样的风景一样的人。

感知音乐旋律与节奏

茶艺表演既是以艺术肢体语汇为主体的动态艺术，又是以视觉审美为对象的审美客体，它必然要与音乐一起才能共同完成。可以说，音乐是其不可分割的一个重要组成部分。因为音乐有着直接渗透人心的特点。艺术肢体语汇正是借助于音乐的旋律、节奏来体现不同的情绪、情感和思想。也借助于音乐的旋律、节奏和节拍来以心、以情、以气、以力地完成表现茶汤质量的每一个美好动作。

音乐的强、弱、高、低，旋律的此起彼伏，节拍的轻重缓急，都会在茶艺表演者的内心产生不同的形象思维和动力，并以此来影响行茶中每一个动作的情感表达。因此，我们必须要学会感知音乐的旋律和节奏，并基本掌握它的一般规律与方法。

旋律的一般感知规律和方法

旋律是指经过艺术构思而形成的若干乐音的有组织、有节奏的和谐运动。它建立在一定的调式和节拍的基础上，是按一定的音高、时值和音量构成的。又称曲调。曲调是表情达意的主要手段，也是一种反映人们内心感受的艺术语言。通常认为，曲调是音乐的灵魂和基础。

在茶艺表演中，人们通常喜欢选择适合自己茶艺题材和内容的现成音乐来作为背景音乐。一般来说,音乐是形象的反映。音乐中形象就是通过音乐的旋律和节奏来叙述。因此,这样的音乐在表达情绪和情感上已经基本确定。所以,最关键的方法只能是精心选择。要选择那些在你的茶艺表演过程中,从准备(过门)、进行、转折、高潮、尾声这几个环节中,每一段的旋律是否与你要表达的基本情绪和情感相符合。比如,你要表演的是反映当代茶山快乐的农家茶艺,却选择了慢板、平静的古琴曲,这样就很难表现你的快乐情绪和情感。又如,你要表演的是带有某种禅意的茶艺,虽然选择的是比较宁静、空灵的古曲,但缺乏高潮或对其高潮部分不够满意,这样,也很难表现你的茶艺特色和感人之处。因为,每一种动态的肢体语言艺术包括歌唱艺术,必须要有高潮。没有高潮的艺术,在结构上是不完整的,也不会达到感人的效果。有的茶艺表演之所以在艺术上总不能达到感人的效果,而仅能完成一杯茶汤的冲泡,除多种原因外,音乐选择的不当也是其重要的原因之一。在笔者所编排的三十多套茶艺表演中,每一套真正要花很多时间与精力去考虑的就是对音乐的选择。常常万事俱备,就欠音乐。其中,有一套茶艺表演为了寻找比较满意的音乐就找了5年。可见,真正要表演好一套茶艺表演,音乐的选择是多难的一件事。

在音乐的选择上,除了要有高潮部分的旋律表现,也要具有开头和结尾部分的平缓、中部和转折部分的变化。如中间部分音时较短,可在计算机上通过专业的软件进行重复加长,以适合一套茶艺表演的音时要求。

节奏的一般感知规律和方法

节奏是指音乐进行中音的长短和强弱。其中节拍又是节奏中重、弱周期性有规律地重复。节拍也是节奏的衡量单位。如2/4、4/4、3/4拍等。每一个单独的节拍称为一个小节。小节与小节之间称为小节点。在小节点处常常有低音出现,如贝斯或大提琴的声音。

在茶艺表演中,对于节奏的感知十分重要。节奏的长短、节拍的感应、小节点的导引等,都能有效地带领我们表现出连贯起伏、快慢有致的动作美,以致我们的情感也会随风兴浪,遇水逐流,自然而自由地流淌。一个老练的茶艺表演者，常常还会自然地把握并运用节奏的外在形式和内在形式。

一是外在节奏的自由把握：外在节奏指的是能听得见的音乐节奏。在清晰、明朗的音乐节奏声中，一个成功的茶艺表演者首先应以准确的动作随着节奏自然、自由地表现。准确，是动作熟练的前提；熟练，是动作自由的基础。在行茶过程中，每一个器具的取与归以及运作变化，在起手、运手和收手时，要自然卡在小节点上，也就是在小节点上起手，在小节点上运手，在小节点上收手。而且，这样的卡点动作必须自然连贯，不能机械地按节奏做广播操那样，使人有一段段单独的段落感。

二是内在节奏的自由把握：内在节奏指的是无声的节奏。即内心感知的节奏。音乐的旋律与节奏常常在变奏的过程中会连续出现多个小节的静音。或在表现某种情感需要的时候出现无声的停顿。而这时我们的动作却还要继续进行，不能停顿。仍然要像以前一样，使人似乎感到节奏并没有停止，这就是我们内心早已将有声的旋律和节奏熟悉地融入感觉中，无论是有声还是无声，都会在内心感觉到旋律和节奏的存在。

男性坐姿的把握（表演者：朱建龙）

表演中的节奏把握应是内心情感自由流淌的结果。表演过程中对下一段节奏的把握，也应是内心情感自由流淌的需求。心中只想着节奏，动作就具有依赖性，自然也就缺乏艺术性。歌唱艺术中的无音乐伴唱，就是此时无声胜有声的写照。

情感表达与内心体现

艺术美只是一个外壳，是呈现的载体，是让人们舒服接受的缪斯、尤物，但那不是艺术真正的目的。艺术真正的目的，永远是艺术家的内心。是内心对人，对人生，对世界的理解和看法。茶艺为什么不等同于茶本身，也正是它不仅仅只是呈现给你一杯茶，还同时奉献给你了茶艺表演者——人通过茶所展现的浓浓情感和深深思考。

要让他人走入你的内心，你就要敞开你的内心。人的内心是由情感和思想构成的。你要把它表达出来，这就叫表情。你要把你的思考传达给他人，让他人能够体会到，这就叫会意。茶艺表演中的表情会意，就是在包括行茶在内的整个表演过程中来进行的。

那么，人的这些情感和思想是怎样表达的呢？最直接、简单的办法当然就是语言，就是说。但说不是艺术，也不需要艺术。如果说，要用艺术的形式和方法来说，那就是话剧。但话剧不是茶艺。茶艺不能说几句话茶就泡好了。茶艺实现的方法必须要用手的动作才能完成，这就是通过茶艺表现的主体艺术的肢体语汇来实现。

肢体语言艺术形式的情感和思想表达，是通过人在动与不动中面部表情的变化和动作表情的变化来实现的。

面部表情方式

面部表情是人的基本特性与能力。它通过面部感官眼、鼻、口的变化以及身体的配合来完成。其中，又以眼和口的变化为最。

如表现笑容，就有抿嘴（会心之笑）、启齿（欲言之笑）、张口（惊叹之笑）、张合（似语）等。

笑也分微笑、大笑、长笑、傻笑、假笑、阴笑、皮笑肉不笑等。

茶艺表演中常见的笑容有安详的笑、甜甜的笑、羞涩的笑、惊喜的笑、得意的笑、美美的笑、歉意的笑等。

笑，是最容易表达情感的方式之一。只要我们内心的情感是真实的，敞开我们的面容，自然就会笑逐颜开。

除了表现不同的笑容，人更多的是内心复杂、细微的心思和情愫。而这些光凭面部眼、口的变化是不够的，还要依靠身体动作来配合。比如要表现我们内心的宁静、思索、期盼、等待、焦虑、愤怒、哀伤、痛苦等，就不仅需要眼睛的变化，还有目光、口型、舌型、体型、四肢和动作的配合才能完成。

动作表情方式

动作不仅是行为方式，也是表情、表意方式。它同样也能在动与不动之中，甚至不现面容的情况下表情达意。

不动，是靠准确、生动的造型来表现。如一个背影，一个侧身，一个姿势，我们都能感觉到他（她）内心的情感。

动，是靠动作的形态、力度、时度、速度来表现。如一个缓慢的放下，一个剧烈的抛洒，一个颤抖的紧握，一个温柔的抚摸，一个小心的投入，等等，都能让人感觉到他人内心丰富的情感世界。

总之，只要我们的情感是真实的，在茶艺表演中就会自然地表现出来。心中有怎样的情感，艺术表现就会有怎样的真实。即便动作会有缺陷，也往往会被审美的主体所忽略。这就是艺术表演中真实情感表达的力量和作用。

创新方法与技巧

1+X=1模式：随着人们品茶、爱茶，茶艺作为一种平常的生活已经进入了千家万户。人们也会经常聚集在一起，通过茶会的方式交流对茶的感受，探讨茶的文化，欣赏茶艺的表演。在茶艺生活不断丰富、茶文化活动不断发展的今天和未来,作为茶艺表演的艺术也应该不断地提高。如果人们看到的茶艺表演总还是过去的老样子,慢慢就会失去欣赏的兴趣。因此,茶艺表演从形式到内容的不断创新,已经刻不容缓地摆到了我们喜爱、从事茶艺表演的茶艺师们面前。因为未来的茶艺表演艺术也还会像今天一样,是各种茶会、茶文化活动必不可少的一项重要内容。

茶艺表演在美学中是作为形式美而存在的。形式美的创新有一个基本的规律和方法,那就是融合。茶艺表演本身,在艺术上并没有高低之分。但在表演形式和内容上是否新颖,所表现的思想内容是否深刻却是评判它的关键所在。所谓形式美的创新,就是在原先美的基础上,再加入其他的艺术美,于是,一种新的美便产生了。但这种新的美,并不意味着简单的叠加,而是从形式到内容的融合,即融为一体,不可分离。如果加入的美可移开,两种美依然可以独立地存在,那么,这种新的美便自然消失,所谓的形式创新也会不复存在。目前的一些泡茶加舞蹈、泡茶加戏剧、泡茶加小品、泡茶加武术、泡茶加团体操等,从严格意义上说,都不是茶艺表演的创新。真正的融合,是1+X=1,也就是1个茶艺加上X(其他的艺术)仍旧等于1个茶艺。这个新的茶艺才会在形式和内容上出现一个全新的面貌。也只有是这样的创新,才会具有新的更高的艺术的价值。

茶艺表演的创新可以通过以下的一些具体方法实现。

茶品创新

茶艺表演,其首要的因素是茶,表演的载体与基础也是茶。因此,茶品的选择,就显得尤为重要。

茶品选择,首先要明确的是为什么而选择,其次才是怎样去选择,为什么而选择。答案只有一个,即为了茶艺表演而选择。那么,茶艺表演的目的也无非有两个:一是为了表现某个茶品的美好;二是通过某个茶品的美好来体现某种文化与精神。

单纯地为了表现某个茶品的美好,只要选择那个茶品的上品即可;若是要通过某个茶品的美好来体现某种文化与精神,那么在选择时,不

选择茶品

仅要选择那个茶品的上品,还要选择那个茶品或名称或茶性或地域文化或茶品本身已固有的精神内容等是否与茶艺表演最终要体现的文化与精神相吻合。作为茶艺表演的目的,前者,通常是作为产品或商品介绍而为之;后者则为了实现某种艺术价值而进行。如茶艺表演《太平茶道》的茶品选择:当时接到有关方面的通知,要为即将举办的北京奥运会活动编排一套茶艺表演。北京奥运会的举办,是在我们伟大的祖国繁荣昌盛的历史背景下才能成功举办,这是一个非常重要的因素。于是,笔者便在四扇屏风上分别绘制了四季盛开的花卉,以喻盛世太平的历史背景。又以盛唐敦煌观音飞天的造型作为表演人物的形象,以喻古今盛世传承。那么,选什么茶呢?应该说选什么茶都能表现这一主题精神。红茶的红火,绿茶的清纯,白茶的淡然,黑茶的深沉,黄茶的迸发,青茶的甘甜,花茶的灿烂。哪一种都能反映北京奥运会的精神。但笔者最后还是选择了绿茶中的太平猴魁。首先,它有"太平"两个字鲜明、直接的符号,更重要的是它的茶性有先苦后甜的明显特征,先苦后甜,这不就是我们这个苦难的民族一步步走向今天辉煌的历史写照吗?有位看过此茶艺表演的老茶人曾说:"这套茶艺表演选太平猴魁茶太有意味了!"意味,不就是茶艺表演选什么茶的重要方法吗?

器具创新

茶艺表演的行茶动作具有一定的规范性和稳定性，是艺术肢体语言最难突破之处。所以，几十年来人们看到的茶艺表演正如云南的一个顺口溜："关公匆匆来巡城，韩信点兵汗淋淋。忽然凤凰三点头，吓得狮子滚绣球。"仿佛看来看去总就是那么

茶器创新

几个动作。为什么会总是那么几个动作呢？是因为任你服装、音乐、茶席怎么变化，而器具却没有变。比如一个很重要的器具泡茶壶，不是把壶就是提梁壶。你只能把握和提取，没有其他的方法可代替。

其实，动作是由使用决定的，使用又是由使用物决定的。什么样的用具，就必然会有什么样的动作。比如同样是茶荷，半竹片样的茶荷你就会去捧，而圆碟样的茶荷你就会去端。因此，通过动作的依据——器具的样式变化，也是一个实现艺术肢体语言创新的好方法。比如笔者创编的反映文人茶艺的《太和茶道》，曾设计了一把特制的泡茶壶，就是把它变成一支能泡茶的毛笔。这样在分茶汤时就像一个人在写字。笔，写字，是文人最典型的符号。又把笔架变成了茶具架，上面挂着的不是毛笔，而是一个个行茶的茶具。再把茶盘变成了一个画卷，笔洗变成了水盂，印泥盒变成了茶叶罐等，几乎整个一套文房用具都变成了茶器具。所以在表演时以往常见的行茶动作都和过去不一样了，既新鲜，又好看。在上海世博会表演时，每一场都有许多人上台来看那支笔壶。

器具的改变，常常会使动作的内容发生根本的改变。基本动作改变了，就有了艺术肢体语汇创新的基础。使用产生动作，这也是艺术动作学的基本原理。中国古代题材的茶艺表演和日本茶道的表演为什么

往往使人们喜欢观看，这和它们都有着众多的陌生器具的使用而产生的新鲜、丰富、美好的艺术肢体语言有着很大的关系。

音乐创新

音乐，历来是表演艺术的翅膀。音乐，也是营造意境的重要手段。

茶文化基本属于传统文化的范畴，因此，茶艺表演的音乐选择，也通常是采用传统的民族乐器演奏的乐曲。这其中，古琴、古筝演奏的古曲，又是最常采用的基本音乐。然而，再完美的音乐，总是反复去听它，也会失去最初的新鲜感。何况基本旋律深沉，节奏缓慢的古琴古曲，也不都适合现代茶艺丰富的内容和情感的表达。茶艺表演的音乐，无论是古代茶艺，还是现代茶艺，首先应根据茶艺的内容来选择，同时还要根据内容所要体现的情感与意境来选择。

茶艺表演的音乐创新，对茶艺的编导者来说，始终是个很大的难题。首先是现成音乐商品的选择之难。音乐不同于其他产品，从外形基本就能了解它的大概内容。音乐的形式和内容的了解，只有靠听。而现成的音乐商品，商家是不允许你一个一个拆开包装听了以后再选择购买的。现成的音乐商品，又大致追求旋律表现的完整性，其中不可避免的不同间奏，又不利于茶艺表演的连续进行。其次是当场演奏之难。且不说一般演奏者只能按自己熟悉的乐曲来为茶艺表演伴奏，这本身就很难与有着独立主题和情感、意境表达的茶艺表演相合拍，若是要求和茶艺表演完全一致，那就只能进行音乐的专门创作。而音乐创作的成本，自然不是一两个茶器具的成本所能达到。何况专门创作的音乐，是否就完全符合编导者所要的那种感觉又是另一回事。那么，茶艺表演的音乐选择，难道就真的只能就米下锅了吗？

其实，现代社会已进入了一个成熟的计算机时代，只要有一定的音源，即音乐商品，我们就可在电脑上通过软件，并根据自己的需要，先将那些适合的音乐旋律剪接成一个个片段，然后再将这些片段按自然的小节连接起来，一个茶艺表演的音乐就可做成。在排练中如果发现哪些小节不太理想，还可重新进行编辑，直到基本满意为止。有些电脑设备还可模拟各种乐器发出的乐声，如在这方面也有一定的条件，便可在电脑上进行音乐的创作,那样就会获得更加满意的音乐效果。

服饰创新

服饰的重要性,已在目前的茶艺表演中越来越显现出来。人们已不再简单地一味选择旗袍或是棉麻衣裳,大热天也披一条围巾。而是根据茶艺表演主题的需要,进行多品种、多样式的精心选择或专门制作。

服饰创新(表演者:陈庆玲)

服饰选择与制作的基本原则是:一要合体;二要得体;三要有美感;四要新颖;五要别致。

合体:是指符合身体的高矮胖瘦。过度的紧绷与宽松反而会丧失体形本来的美。

得体:是指服装的色彩、花纹、款式、风格要符合茶艺表演的题材与主题。

美感:服饰的美感是多重的。它表现在具体的身体上,要求每一个具体条件和内容都要相互配合,其中有一个方面欠缺都会破坏整体美。

新颖:即服饰整体的创新。这也是茶艺表演服饰创新的关键。要根据茶艺的题材,特别是主题的需要进行。要善于从一般的服装款式上进行突破、改良,从而设计出有独特风格的表演服饰来。要有那种表演者一出场就能给人眼睛一亮的感觉。

别致:就是精致巧妙。对服装来说,精致巧妙既反映于整体,更表现于局部。往往有些别致的服装就在于局部的精巧设计而显示出的与众不同。

同时,作为艺术表演的服饰,还要有适当的夸张。舞台和观众有一定的距离,而这种距离,恰恰正是产生美的有利条件。在一般舞台灯光的照耀下,这种夸张显得尤为重要。

道具创新

作为一般的茶艺生活,行茶是不需要道具的,只要有必备的茶器具就可以。但作为茶艺表演,不仅要泡好一杯茶,还要能表达一种美和感悟,因此,仅凭茶的器具是有限的。它还需要那些能直接或间接表示或暗示茶艺表演主题的道具。因为它既能衬托、丰富茶席的形式美,又能在艺术肢体语言上直接帮助我们进行艺术和思想的表达。比如《太平茶道》中用来添香的香炉,它虽然和冲泡太平猴魁茶没有直接的关系,但它在表现敦煌观音用手印添香,以保佑、祝福普罗大众并以此而烘托《太平茶道》所要表达的祝福主题是多么重要。

茶艺表演的道具,主要是指在茶艺表演的过程中,必须要使用以及能起着明显暗示主题作用的物品。其中,暗示主题的道具一般又指用于茶席布置而用。

编排创新

茶艺表演有一个特殊性,就是行茶部分的形式和内容具有相对的稳定性,不宜作大的变化。而且在表演时间上也占比较大的比重。比如泡绿茶,多用玻璃杯或盖碗。行茶的程序和方法也具有一定的规范,似乎要时演时新很难做到。

其实,创新从来都指整体的创新,也包括局部的创新。几十年来,笔者在上课时也会作一些表演示范给学生看。但学生常常会说:同样一个表演内容,怎么会每一次都有一些不一样? 那是笔者根据不同的场合、不同的对象、不同的条件,对表演的形式与内容临时进行的一些修改。这些修改虽然是局部的,却也给熟悉的观赏者以一定的新鲜感。比如在场合上,近距离表演与远距离的表演就可作一些修改。近距离表演,动作的幅度不宜大。相反,一些小的动作就要更加突出,加强它的美感表现与丰富性。而远距离的表演,比如在大的专业舞台上,动作的幅度就要加强,甚至要增加表演者,增加内容,重新修改表演形式,重新进行舞台的调度。

编排创新的内容有很多。同样的茶,因具体服装、器具、音乐、场合、观众,甚至是扮演者不同,都可以重新编排,以达到创新的效果。

（撰稿者： 乔木森）

第六章

茶饮创新

随着消费的升级，消费者已经不再满足于看货买货的"产品消费"，而是要求有更进一步的体验，要求不仅有文化，更有消费环境与场景的体验。

而茶饮，作为轻度餐饮，茶的属性也在慢慢地发生变化，从"柴米油盐酱醋茶"的解渴的茶，到"琴棋书画诗酒茶"的文化的茶，再到"以茶会友"的社交的茶，它没有固定的用餐场景，可以自然而然地融入各种消费与娱乐活动，因此消费市场的发展，必然会带来茶饮行业的繁荣与创新。

宏观经济下的茶饮市场

随着国民经济水平的提高，人们的平均工资及人均可支配的收入也有不同程度的增长，中国人的消费意愿和对消费升级的渴望都在不断地提升。尤其是新一代的年轻人，他们的消费观与老一辈存在着本质的差异，在快节奏及高压力的工作生活中，他们更懂得享受生活。这一代人，多集中在八零九零后，我们称之为千禧一代，随着他们的成年，正逐渐开始成为消费的主体，这将带来更多的消费增长。

消费的增长，也带动了餐饮业的蓬勃发展。预计到2020年，在全面建成小康社会的目标下，餐饮行业的规模将达到5万亿元以上。而饮品，作为轻度餐饮，它是餐饮业里不可或缺的组成部分，市场份额也在逐渐扩大。根据"菁财资本"资料对中国25个城市15岁到45岁消费者的采样统计，可推算现制饮品的市场规模接近千亿元。其中还不包括农村人口及非15岁到45岁的人口的销售量，据估计，实际销售额应超过千亿元。而另一面，冲调类饮品（茶、速溶咖啡、果真等）与即饮类饮品（瓶装饮料）也占据了大半壁江山。

茶饮，古而有之，一直是中国人的传统饮料。它的消费场景满足了人们生活中四个主要诉求：日常生活消耗品、感情诉求、送礼社交和投资收藏。而后面两个属性，是其他饮品几乎所不具备的。这就导致茶饮市场在整个饮品市场中占有极大优势。早期，由于西方咖啡市场的冲击，茶饮市场的份额有所跌落，但近几年，新式茶饮的崛起又再一次搅动整个饮品行业的格局,在资本的推动和用户的追捧下,更是让茶饮尤其是新式茶饮呈现出巨大的增长潜力。

据中国茶产业大数据统计,2018年中国茶叶国内销售量达到191万吨,较2017年增长5.1%。而新式茶饮对茶的需求量则增长更多,且一杯茶饮的均价,增长也尤为明显。

饮品行业的现状

目前饮品的消费场景广泛,常见的消费场景有购物、餐饮、娱乐及外卖等。有消费场景存在的地方,便存在售卖各种类、各价位饮品的现制饮品店、连锁超市、自动贩售机等,随着饮品消费的增长,又带动了商业、经济的增长。

如今,人均15元以上的饮品店数量在各地都有明显增长,在一二线城市的表现尤为明显。较高的价位,意味着饮品店升级成较优的品质、服务和环境,这也预示着品质饮品赶上了消费升级的风口。

目前占据主流饮品市场的品类有:咖啡、茶饮、鲜榨果汁和鲜奶、酸奶。这四大品类的发展趋势及未来布局各不相同,总结起来就是咖啡店出现负增长,茶饮店增长迅速,鲜榨果汁与鲜奶酸奶增长疲软。

1. 咖啡

饮品市场占比大,却开始出现负增长。

咖啡的准入门槛较低,像普通咖啡制作几乎零门槛。而消费场景却很多,几乎任何服务业场地都可以提供。便利店、咖啡贩卖机等对即饮咖啡的推广和普及,对低价现制咖啡饮品市场造成了强烈的冲击。

全国咖啡店数量虽都出现下降,但大品牌的咖啡店却呈现上升趋势,主要原因归根于咖啡行业逐渐成熟,消费者对品牌的认知度在逐步提高。麦肯锡认为,中国消费者对咖啡的品牌忠诚度越来越高,咖啡品牌的连锁一般意味着稳定的口味和可靠的质量,品牌也形成了其独有的文化标签,这些因素都形成了对客户有效的绑定。

2018年对于咖啡行业是激荡的一年。老品牌如星巴克、Costa在咖啡产品创新上都有下功夫,也在不断拓宽更多的线上交易模式。而

星巴克门店

新兴品牌如瑞幸、连咖啡等，因为有了大量的资本介入，迅速崛起并不断扩大，它渗透的人群与场景也更多更广，如何在充满竞争的环境下提升自身壁垒及整体竞争力，是值得思考的问题。

2. 茶饮

增长迅速，占比反超咖啡。奶茶店从20世纪80年代开始遍布全国，经历了粉末时代、街头时代后，正在稳步摆脱"廉价"的标签，向"新式茶饮"迈进。

2016年，新式茶饮概念的提出，使得奶茶乃至茶饮行业迅猛发展，呈现百花齐放的态势。风口之上，红起来的品牌层出不穷。但有的是昙花一现，有的却是屹立不倒。期间的差别就在品牌是否可以沉淀下来做产品、做营销。

目前茶饮市场也是以大品牌的增长为主流。大品牌仍采取加盟作为发展手段，直营品牌虽然近期受媒体关注较多，但在茶饮店整体中占比较小。

喜茶门店

喜茶饮品

乐乐茶门店

3. 鲜榨果汁

增长疲软,且未来堪忧。中国是水果生产大国,水果在中国人群中的主要消费形式是生食。鲜榨果汁的出现,最早是在餐厅中作为饮料供应,后因为消费者对鲜榨果汁口味的认可,以及健康无添加概念的提出,其热度开始提升。后来逐渐出现在奶茶、水吧的混合经营场所的项目中,随着人们对新鲜、品质和健康的追求,鲜榨果汁的主营和专营店应运而生。

作为鲜榨果汁先发展的地区,像北京、上海、天津等地鲜榨果汁的门店数增加较缓或呈现负增长,而门店基数较小的中西部地区增长较快。总体水平稳中有升,但是随着新式茶饮的崛起,其中的果茶产品对水果需求量的增加,将会冲击到鲜榨果汁市场。

茶桔便门店

4. 鲜奶酸奶

增长缓慢,更加注重品质。鲜奶酸奶类饮品店的关键是把控奶源,要么是背靠奶厂,要么是进口奶源。受下游源头的限制,牛奶厂局限于少数几个省份,鲜有全国性的品牌。2008年三聚氰胺事件后,奶业的

宝珠酒酿酸奶

上下游对产品安全更加注重。

目前鲜奶酸奶品类的饮品主要包括即饮市场的酸奶、鲜奶、姜撞奶等奶制品，以及零售市场保质期较长的奶类饮品，近年出现的新品牌则拥有更年轻化及更丰富的产品线。

鲜奶、酸奶在整个饮品行业里占比不高且增长缓慢。

总体来说，整个饮品市场的主流还是以咖啡和茶饮占据了大半壁江山。近年来资本市场对咖啡的投资热度不减，但大部分投资在O2O（online to offline）模式、外卖品牌，对咖啡店的热情不高。对茶饮的投资热度则集中在新式茶饮上，资本市场先后在包括喜茶、因味茶、奈雪的茶等门店投入三笔过亿资本后，将"新式茶饮"推上了舆论的风口浪尖。

饮品市场的茶饮方式

目前，饮茶的主流方式分为纯茶饮用、即饮茶饮用和现制茶饮饮用三种方式。

1. 纯茶饮用

三种饮茶方式中，以传统的纯茶饮用占据更高的市场份额。目前预估中国纯茶的消费总额有 1 000 亿元到 3 000 亿元。中国人眼里的纯茶，不仅是饮品，更是文化，是传承。作为饮品，茶不单有解渴的功能，还具有药用的价值；作为文化和传承，中国人讲究"以茶会友"。正是这种附加价值的存在，使得老一辈的消费群体对散茶情有独钟。

而随着年轻一代成长以及时代的发展，传统散茶的几大劣势慢慢有所显现——品牌老化、携带不便、需要特殊器皿冲泡、散装不易保存、价格不透明、品质不稳定等。在这种情况下，针对年轻人喜好的袋泡茶就应运而生了。

袋泡茶的茶叶以拼配为主，最大程度上保证了口感的稳定性，加上茶包的包装形式，冲泡相对便捷。市场上一些茶包品牌，更是针对年轻人的喜好，对外包装进行个性又生动的设计，深受年轻一代消费者喜欢。

由于散茶和袋泡茶涵盖了不同年龄段的消费者，所以纯茶的饮用目前也占据了最大的茶叶市场份额。

2. 即饮茶饮用

即饮茶在三种饮茶方式中可谓是最便捷的。开瓶即饮，无须等待。品类上，也弥补了纯茶单一的饮用模式，有着丰富的种类，包括冰茶、茶汁（纯茶）、复合茶饮料、奶（味）茶、碳酸茶饮料和其他风味茶饮料等几十个品种。其中以冰茶、水果茶、花茶和奶茶品种为主。市场上形成了以"康师傅""统一""娃哈哈""农夫山泉""立顿""三得利""雀巢"等10多家国际和国内品牌竞争的格局。

即饮茶里的茶，指的是茶叶经过特殊提取、浓缩等工艺处理后，加工成茶粉、浓缩茶汁等形式的茶叶衍生品，再添加其他食品添加剂及水后形成的茶类饮料。茶叶经处理后，有效成分有一定的损失或是被其他风味掩盖，"茶味"较之传统纯茶便没有那么重。但是口味和包装上添加了很多年轻人喜欢的元素，又方便即饮，深受年轻消费者的喜欢。目前预估即饮茶的消费总额有 1 200 亿元。

3. 现制茶饮饮用

现制茶饮相对于纯茶和即饮茶，有着更丰富的种类和更快的迭代速度，最大限度地满足了年轻消费者喜欢尝试新鲜事物、猎奇的心态。相比较散茶以热饮为主，即饮茶以冷饮为主，现制茶饮的选择面更广。无论是热饮、温饮、冷饮、冰饮，茶饮店都可以根据消费者的选择进行"量身定制"。

现制茶饮中，相对于街边奶茶铺，目前风潮正劲的新式茶饮的增长空间巨大，新品牌也在不断涌现，比如肯德基、麦当劳等快餐品牌开设副线茶咖品牌，王老吉开设线下现泡茶概念店，三只松鼠开设"茶+轻食"综合店，呷哺呷哺在多家火锅门店引入茶铺，主打台式手摇茶等。

众多抢食者的加入，使得行业的竞争日益加剧。预计新式茶饮将成为茶叶消费增长最快的渠道。目前预估整个现制茶饮市场的消费总额超过1 000亿元。

新式茶饮如此火爆的原因在于，首先茶文化的影响在中国根深蒂固，茶饮消费无口味、地域差异，再次互联网＋茶饮的O2O模式，助推了营业额，也变成了年轻人社交的一种方式。此外，新式茶饮从产品口味到饮用环境都提高了用户体验，真正让茶饮成了一种"消费"与"体验"的结合体，吸引了年轻一代消费群体。

预测在未来的中国茶叶饮品市场中，传统的纯茶饮用方式仍占主导地位。而方便、快捷、美味、时尚的瓶装即饮茶和现制的新式茶饮，将成为年轻一代消费者的首选饮料。

对于传统的制茶工业，随着茶饮料消费的增长，对茶叶初精制原料的需求也将稳定增长，随着茶饮行业的消费升级，对上游源头茶叶的要求也相应地提升，有技术含量、品质风味独特、有故事、有概念的茶叶产品将会被广泛地应用于茶饮料的开发中。

茶 饮 创 新

茶饮行业发展经历了三个时代。

第一个时代：粉末时代（1990—1995），是茶粉、奶精、白砂糖等粉末冲调而成的奶茶饮品。

第二个时代：街头时代（1995—2016），是水浸泡后的茶叶，经浸提、过滤、澄清等工艺处理制成的茶汤做基底茶,再加入水、糖、酸味剂、果汁,鲜奶等调制加工而成的产品。主要的饮品形式为奶茶和果茶。

第三个时代:新式茶饮时代(2016年至今),是上等茶叶,辅以不同的萃取方式提取的茶汤为原料,加入新鲜牛奶、进口奶油、天然动物奶油或各类新鲜水果调制而成的饮料。主要的饮品形式有纯茶、鲜奶茶、牛乳茶、奶盖茶、鲜果茶、冰沙等。

新式茶饮相较传统茶品牌,通常有六大明显特征:强调健康品质的原叶茶底为主,再加入芝士、软欧包、水果、鲜奶等更多时尚、好喝原料;从产品到品牌形象更注重颜值;品牌标准化、迭代速度快;倾向选择入驻大型商场或临街而立;客单价格普遍比传统茶饮高;喜欢运用新媒体进行营销与传播。

从以上几大特征可以直观地看到,新式茶饮更多的是吸引偏年轻化的消费群体,不仅抓住了当下年轻人丰富多变的口感需求,还符合了当前消费升级背景下,人们对茶饮更便捷、更时尚、更健康、更好玩、更好看的体验需求,同时对新技术、新工具等互联网新媒体的灵活运用,则具有更强的粉丝黏性。

新式茶饮的蓬勃发展已成为事实,据中信证券的数据估计,新式茶饮的潜在市场规模约在400亿元至500亿元。不断增长的消费者需求主要有两个原因:一是消费者对"健康""自然"的需求上升,二是消费者对这个品类消费久了,其品鉴能力自然会提高,趋向于更真实、更本真的品质体验。

新式茶饮蓬勃发展的现象背后,是一些品牌的出现,一些品牌的倒下,不断更替。说到底,一杯茶饮是否好喝才是关键。而茶饮饮品又很容易被模仿,爆款茶饮往往在短时间内便成为行业的标配,因此持续创新成为维持品牌生命力的基础。而对茶饮包装的革新和对消费场景的演绎,则是维持茶饮品牌生命力的必要条件。

茶底创新

茶饮的升级伴随着茶叶原料的升级,一杯呈现在消费者面前的茶饮,它里面的茶基底经历了从"速溶茶粉"到"碎茶鲜萃"再到"整叶茶鲜萃"这三个过程。整叶茶鲜萃的方式即是现阶段新式茶饮所用到的主流方式。

随着喜茶、奈雪、乐乐茶等的兴起，对新式茶饮店来说，产品品类及内容配方容易被模仿，品牌茶饮为了保证核心竞争力，提高产品品质，打造差异化的、适应健康趋势的产品，便要开始独立研发或与供应商独家合作研发其核心的原料，再根据自己研制的原料来调配比例，制作出新颖的饮品，使品牌在同质化愈发严重的市场上立有一足之地。

对于茶基底的选择，品牌茶饮开始使用名优茶作为原料，在对传统纯茶消费者认知的基础上，结合添加其他辅料对风味的影响，从而研发出属于自身品牌独有的茶。根据茶饮对茶底的需求，反过来指导上游茶厂来优化茶叶的选择与加工。

可以说，新茶饮行业的竞争与发展，催生了供应链的改革，从而逐步形成个性化定制的独家供应链。所以供应链管理就成为品牌间竞争的一个关键要素。

新式茶饮的发展也直接刺激了茶叶原料端的增长。据统计，喜茶一家门店一天的茶叶消耗量，是一家普通茶馆的20倍。原料端的增长，一方面供应链会分出更多的精力参与茶底的研发；另一方面，也对稳定质量的控制提出了更高的要求。

如上所述，新式茶饮行业本身进入门槛不高，供应端的产品类型相近，不需要过高的技术和资金的问题也导致了部分品牌在特质上仍缺乏明显差异。在这种情况下，要想走出产品同质化的魔咒，商家们开始着手茶底的创新。

1. 产地细分

茶饮发展的上半场，各大品牌擅长的还是奶茶里的配料，从珍珠升级到黑糖珍珠，从椰果升级到仙草冻，层出不穷的推陈出新，形成了茶饮市场品类的五花八门。呈现在消费者面前的菜单则是以配料区分产品，如珍珠奶茶、波霸奶茶、椰果奶茶、仙草奶茶等。

而发展到了新式茶饮，品牌把产品的分类回归到了茶底本身。商家不再满足大宗茶类的拼配以达到品质如一的口感，取而代之的是追逐小产区的概念。因为茶叶里面有一类独特的香气是依靠地域来区分

各式茶底

的,我们称之为"地域香",是指种植茶叶的微环境不同所形成各个地域独有的香气。即使品种和工艺相同,成品茶的口味还是会有很大差别。如祁门的红茶和云南的红茶,虽然初制工艺类似,但是不同的地域特点形成了各有千秋的口味差别。祁门红茶为如兰似蜜的祁门香,云南红茶则是强烈的玫瑰香、蔷薇香。小产区的茶放在茶饮里面,即形成了其独特的风格。

产品的宣传上还原了茶精髓,提倡"原叶茶"的概念,茶饮店的茶基底开始从茶粉或是单一的红碎茶升级成纯茶,这种纯茶的概念让工艺上的六大茶类包括绿茶、红茶、乌龙茶及再加工茶如茉莉花茶等逐渐为消费者所认知。加上小产区的卖点,由此来让自身的饮品标新立异,与众不同。

如今再看菜单,多是以茶底来细分品类,如京都玉露系列、锡兰高地红茶系列、台湾乌龙茶系列等。目前市场上很火的凑凑茶新推出的大红袍茶底的系列茶,正是利用这一概念,以福建特有的"大红袍"茶叶为茶底,推出了一系列大红袍(乌龙茶类)奶茶,焙烤风味明显。

2. 工艺创新

传统茶饮在茶底的选择上，最常见的模式是上游供应商向茶饮店提供茶叶配方，茶饮店基于口感和价格最终选择合适的茶叶。而如今喜茶的创新，打破了这一模式，他们自主研发新产品，反过来"倒逼"供应链去匹配自身的产品。

例如喜茶的招牌产品"金凤"是希望打造具有味觉记忆点的清新茶饮，但由于采购过程中，在市场上没有找到符合要求的茶叶原料，于是他们向上游供应链进行"反向"定制，改进了茶叶加工过程中的烘焙工艺与拼配方式，"造"出了一款符合自己需求的茶叶原料。这一创新无疑是成功的，如今的"金凤茶王"系列已经成为喜茶的爆款。喜茶的这种改变，为更多的新式茶饮提供了全新的饮品创作思路。

新式茶饮鉴别一杯茶底的好坏方式与传统茶饮有所不同。比如一杯高档的西湖龙井，它的滋味是浓醇鲜爽，香气悠长，而做成新式茶饮，在加了糖、奶或者水果之后，不但这些愉悦的口感体现不出，消费者反而会觉得茶味太淡。对于传统的茶客来说，高档的茶叶加这些辅料本身就是一件暴殄天物的事情，但是新式茶饮的消费人群，却又是一副"白送我都不要喝"的姿态。在这种矛盾与磨合中，新式茶饮总结出了一条自身评价茶叶的体系，主要体现在对茶叶的香气和滋味的改进。

对新式茶饮来说，有两类茶香最为关键：一是制茶工艺中酶催化作用下形成的清香、花香，这是乌龙茶糖苷水解作用所形成的主要香气，红茶的脂质降解部分也会形成一部分。这类香气容易在前段、中段体现，是搭配水果茶的理想茶香。二是制茶工艺中美拉德反应形成的焦糖香、烘焙香。形成这种风味的茶类有两个特点，一个特点是内质丰厚，有足够的糖类及氨基酸类去反应；第二个特点是需要"文火慢炖"的后期烘焙工艺。这类香气容易在中后段体现，它与油脂类成分搭配较协调，形成回味悠长的感觉。近来受欢迎的"蜜香红茶"，带有焦烤的甜香，与牛乳搭配性很好，形成愉悦的、悠长的回香；而另一些高端烘焙的乌龙茶，形成的香气则更加细腻而富有层次。

新式茶饮对茶基滋味的要求，也主要体现在两个方面：一是讲究前中后段的协调，即茶叶的味道从入口就能体现，而且还要持续到最后。这就首先要求茶叶的呈味物质如茶多酚、咖啡碱、茶多糖等的含量相对较高,而为了达到更好的持续效果,往往需要拼配多类茶叶,通过不同阶段的呈味物质配比的优化,以达到更加丰富的口感;二是要求茶香溶在水里,而不仅仅浮于表面。达到这种效果的前提是茶叶本身的香气前体物质要丰富,其次是在加工过程中要尽可能多的保留或生成溶于水的香气物质,最后对茶叶的冲泡也有一定的要求。

总而言之,为了加工出一杯适合新式茶饮的原料,首先对茶叶品种的选择就要求非常严苛,加工过程中,对影响品质最主要的发酵与烘焙工艺要有所调整,接着还要进行茶叶的拼配以达到丰富的口感。此外,由于供应链订单量的提升,对上游茶叶的机械化程度也提出了更高的要求。

3. 功能性

新茶饮的时代,是由消费者对美味、健康和便利的需求共同推动的。其中健康的概念,也为消费者越来越重视。随着少年养生派的出现,即使是喝杯简单的茶饮,也要植入健康的元素以达到心理平衡。

对茶底的选择,商家们除了延续选用全发酵红茶、半发酵乌龙茶和不发酵的绿茶外,其他茶类也慢慢进入商家的视野。包括微发酵的白茶和黄茶,后发酵的普洱茶等。

这类茶叶目前在饮品市场上还不是主流,主要原因是产量较小,尤其是黄茶和白茶,目前总产量占比六大茶类总产量的2%都不到。而多数原料加工出来后,直接供给了纯茶市场。这就导致茶饮市场要么上游难以大批量的供货,要么茶饮的成本会有所增加。即便这样,商家们为了提高产品的差异化也开始采购小众茶类。作为卖点,黄茶的降血糖、白茶的清热解毒、黑茶的降脂解腻功效开始渐渐灌输给消费者。

除了单一的茶叶基底外,在茶叶里拼配花、草本类植物的花草茶类基底也有出现。这类茶叶往往针对不同的细分人群会有其独特的功效。如减肥瘦身的山楂荷叶茶、消食健胃的大麦苦荞茶、抗疲劳的干姜绿茶、美容养颜的玫瑰花茶等。

由于花草茶类基底本身的口感层次丰富,较难和奶类或者水果类搭配以达到协调的口感,所以饮品店花草茶品类的产品不多,仍以纯茶清饮为主,升级版则是纯茶基础上加入奶盖。这类茶饮的出现,正是主打功能性,在传统的袋泡茶基础上,解决了花草茶快饮化的需求。

还有一类茶基底为不含咖啡因的纯草本植物所构成。如以即饮茶产品为主,近两年开始进军茶饮市场的王老吉。它推出的现泡凉茶概念店,就是以草本茶为基底,开发出一系列的凉茶与水果茶饮品。甘草凉茶能让身体在炎热的夏日温和平复,再加上养生元素的搭配,让整个系列产品的形象都变得健康养生。

除了国内的凉茶基底外,进口原料像线叶金雀花(路易波士茶)、马黛茶、蜜树茶等不含咖啡因但抗氧化功效突出的茶类也早有出现,这类茶底弥补了晚上喝茶会睡不着觉的痛点,又有美容的功效,故很受消费者青睐。但是因为属于进口原料,在食品安全性及法规层面有诸多限制,所以并没有大规模的普及。

4. 拼配

新式茶饮的研发,其痛点有三:增加产品差异性,与竞品形成壁垒;产品好喝,丰富味蕾;标准化的出品,杯与杯之间口味始终如一。这就需要在茶底的选择上,通过拼配以实现目的。

在饮品行业竞争日趋激烈的今天,一个爆款单品的出现,就会引起全行业商家的趋之若鹜。在不断地模仿和学习过程中,单品的配方便被剖析得十分透彻,用了几分牛奶,加了多少糖浆,搭配什么辅料,甚至是选用了什么茶底都能猜出个大概。那么要区别饮品间的差异化,行业里的"小秘密"就是拼配茶底。比如一款四季春茶底,采用不同海拔间的拼配、不同地域间的拼配、不同嫩度原料间的拼配等,都会形成其独特的风味。而同行间即使是知道选用了四季春做茶底,也很难找到拼配的黄金比例。

说到好喝,对茶底的最基本要求就是前面说的茶叶的前中后段都能感知到茶味,还有就是不同阶段茶叶所释放出的不同香型,让一杯茶饮的口味变得丰富饱满并有层次感。对茶底来说,往往通过单一的原料难以实现,需要通过饮品的特性去为茶底定下基调,再根据茶叶释放香气的规律,去进行茶底的选择,这一过程中通常会引入两款及以上的茶底才能达到综合的效果。

这就好比一款世界有名的中国红茶——"祁门红茶"，因为香气独特且高扬成了世界三大高香红茶之一。它的香气丰富却不容易被界定，所以人们给它的香型赋予了名字——祁门香。这是一种似兰似麝似蜜的香气，之所以香气如此迷人，除了因为独特的品种和地域优势外，多半要归功于精加工中的一个工艺——匀堆，也就是我们所说的拼配，这也是祁门红茶的精髓所在。而如今这加工过程中的点睛之笔不止是在祁门红茶的加工过程中出现，正在被越来越多的茶叶所借鉴，也广泛应用到了新式茶饮的基底里。

对于新式茶饮蓬勃发展的今天，面对原料采购量的提升，拼配也完美地解决了上游供应链茶叶产量不足的痛点，追求小产区，追求单一品种，都会导致单一原料供不应求。于是品牌就有了新的玩法，即自行研发拼配茶底，再注册商标，最后"垄断"或是与多家茶园进行合作，倒逼供应链与之进行匹配。

5. 可追溯性

2018年，茶叶行业里出现很多热词，"有机茶""可持续""大师做"等，都体现了茶叶作为农产品的一个可追溯性。也让消费者可以切实感知到自己喝的是放心茶、优质茶。由于有可追溯性宣传的茶叶往往会比一般茶叶价格有10%～30%的涨幅，所以这类产品目前主要应用在消费者可以直接感知到的纯茶市场。

但随着消费者越来越见多识广，逐步进入全球化视野，信息量也随之增多，他们渴望体验到正宗的产品和服务，对产品本身希望能追根溯源，对品质会有自己的判断和追求。所以一些新式茶饮开始在产品的宣称中出现可追溯性的概念。

（1）"有机茶"。指的是一种按照有机农业的方法进行生产加工的茶叶。在其生产过程中，完全不施用任何人工合成的化肥、农药、植物生长调节剂、化学食品添加剂等物质，并符合国际有机农业运动联合会（IFOAM）标准。可以说有机茶叶是一种无污染、纯天然的茶叶。有机茶运用到新式茶饮里面，让消费者从源头知道喝的茶饮更安全更放心。

（2）"可持续"。是指既能满足当代人的需要，又不对后人满足其需要的能力构成危害的发展。茶叶的可持续化,就是对茶园进行土地利用方式的优化并制订长期的资源利用和维持生态平衡的计划。即在茶园里以茶树为主要物种,通过实施立体复合栽培,人为创造多物种并存的良好生态环境,使茶树生长与茶园生态系统和谐统一,形成茶叶生产可持续发展的茶园。

虽然目前的调查显示,很少有人愿意为茶叶的可持续化花更多的钱,但是绝大多数的消费者也表明,他们并不知道所购买的茶叶饮品里的茶是否为可持续的茶叶,饮用可持续的茶叶对环境有怎样的影响。因此,这是一个需要被不断普及的概念。在环境问题不断被重视的当下,新式茶饮采用可持续茶叶作为基底,也体现了一种社会责任。

(3)"大师做"。相信大家都会想到茶叶里的一个高端品牌——小罐茶。它所讲的商业故事就是由8位国内顶级的制茶大师来制定茶叶产品的标准,严格把关原材料的采摘和生产,其产品体现的是8位大师对于茶叶的品位和风格。如今,这种"大师做"的概念也为新式茶饮和咖啡所借鉴。如瑞幸咖啡,近期也在它的主页提出了专业的咖啡新鲜式,即优选上等阿拉比卡豆,由WBC(世界咖啡师大赛)冠军团队精心拼配。"大师做"的宣传,与其说是对口味的极致追求,倒不如说是一次近距离感受大师服务的体验。

口感升级

如果说茶底的创新是成就一杯好茶的基础,那么口感的升级则是打造爆款茶饮的必要条件。口感的升级不仅是利用奶、水果等基料与茶汤的完美融合,呈现味蕾的享受,还包括加入辅料后茶饮可吃可喝的双向选择,也包括通过食物的形态与色彩的搭配,给消费者以视觉的享受。

当人们愿意排队数小时买上一杯网红茶饮的时候,这杯茶饮所体现的将不仅仅只有饮品属性了。多少消费者觉得喝完这杯网红茶饮就原地满血复活,满满的正能量,又有多少消费者认为这杯网红茶饮就是维持一天快乐的源泉。当茶饮被赋予如此高期待的时候,就更要求品牌把自己的产品做到精益求精。

虽然加入基料和辅料的步骤很容易被复制,但是先跑的领头羊往往更容易成为行业的标杆，也更容易以先入为主的观点被消费者记住。像提到黑糖珍珠奶茶，浮现在脑海里的就是鹿角巷；提到芝士奶盖，第一时间想到的肯定是喜茶。在市场的驱动下，大品牌会在产品的研发上投入很大的资源，致力于口感升级，呈现味蕾与视觉的双重享受。

1. 泡茶方式

目前茶饮店的茶汤分为热茶汤和冷茶汤制法。

热茶汤的制法有大桶闷泡、电磁炉煮茶、咖啡机萃茶和泡茶机多段浸提等。其中大桶闷泡和电磁炉煮茶的方式，由于茶叶长时间与水高温接触，所以茶叶内含物质的浸出率很高，制得茶饮的"茶味"很足，缺点是茶叶里面的香气物质，尤其是中低沸点的高级香气类型，如清香、花香等很容易损失，产生熟闷气息。茶汤鲜度也会下降，有些茶类如绿茶中的茶多酚会氧化形成一些中间体，这些中间体则会产生不愉悦的涩味。

相比较而言，咖啡机萃茶大大地缩短了茶与水的接触时间，通过流动的水不断地与茶叶表面接触，形成较大的浓度差，而使茶叶的内含物质浸出。这种方法可以降低茶叶里面香气物质的损失，所制得的茶汤也浓而不涩。但缺点是萃取时间较长，而且对茶叶的使用有限制，往往只适用于颗粒较小的碎茶。而有多段浸提功能的泡茶机的出现则弥补了咖啡机萃茶的不足，不但泡茶时间大大缩短，对茶叶的尺寸也没有过多限制。

茶汤的氧化反应、香气挥发损失速度都是随着温度的升高而加快的。新式茶饮由于做了茶底的升级，按照目标品质要求选用好的原料，就要体现出好原料的品质并将其保留下来，所以采用冷茶汤更适宜。

冷茶汤的制法有冷泡法、热萃过冰和热萃急速冷却（不过冰）三种。

泡茶

冷泡法顾名思义就是以冷水来泡茶，是最便利的冲泡方法，所出茶汤也几乎没有苦涩味，缺点是冲泡时间过长，且整个冲泡过程没有经过高温会存在微生物污染风险。相比较而言，热萃后再冷却的方式使整个萃取茶汤过程更快更安全，所出品冷茶汤的香气也比热茶汤更加丰富。

泡茶方式的选择上，每个商家都会根据所用茶叶基底找到最适合的那一个，还会在品质与成本之间做权衡，锁定最适合的泡茶参数。

2. 健康趋势

前文提到，新茶饮的时代，消费者健康意识在不断增强，对于饮料的选择也愈发理性。除了茶底开始宣称功能性卖点，消费者也更加注重整个产品的安全和健康，对于饮料的诉求，已经从"好喝""甜""解渴"向"健康""低糖""功能性"等方向转移。所以不论是奶茶饮品还是果茶饮品，在其他基料与辅料的选择上，也都同步体现了健康趋势。

（1）无添加。新式茶饮开始杜绝添加那些被认为不健康的人工合成食品添加剂，取而代之的是天然食物。奶茶里植脂末被换成了牛奶，或者是一些植物蛋白基的奶源，如椰奶、豆奶等；奶盖茶里的奶盖粉被换成了鲜奶；果茶里的香精、果酱换成了新鲜水果等。

（2）新鲜。当原料被加上"鲜"字后顿时档次提高，如"鲜茶""鲜奶""鲜果"等，它意味着原产地直供，从采购回来到做成饮品可能就几天甚至数小时的工夫。原材料从茶园、从牧场、从果园直接汇聚成一杯茶饮到消费者手上，便是"鲜"的极致体验。

（3）少负罪感。过去喝杯奶茶，是对自己的奖励，在快节奏的生活压力下，偶尔需要放纵一下。但是在新式茶饮里，这种放纵都有了选择的余地。一杯茶饮里，主要的能量来源为"糖""果

健康新茶饮

葡糖浆"等产生甜度的原料,通常一杯街饮茶,即使是七分甜,也添加了几十克的碳水化合物。但是仔细观察,很多商家都推出了低卡茶饮,其秘诀就在于用了植物中的天然提取的成分"甜菊糖苷"充当甜味剂。它没有热量,且只需添加一点点就达到了一杯茶饮的甜度。

（4）功能性。除了上述三层基本需求外,茶饮里面还开始添加一些有健康元素的辅料以达到"健康"的概念。如美容养颜的玫瑰、枸杞,促进新陈代谢的紫薯、芋泥;排毒促消化的酵素、益生菌;补充胶原蛋白的桃胶、皂角米等。

如此,整个一杯茶饮在健康元素的包裹下,不再是自我放纵的慰藉品,却成了符合少年养生派气质的轻奢品。

3. 口感丰富

对于新式茶饮来说,饮品的口味是其制胜的基础。有了好的茶底,优质的奶源、新鲜的水果等配料后,再加上层出不穷的辅料,手上可选择的东西越多,对如何搭配、打造出好喝的单品,就更加考验一家茶饮店的研发能力。

茶饮店为了避免商品的同质化,开发新品的时候,开始寻找一些明星元素植入到品牌的单品中,这些元素不仅对口味有所提升,而且久而久之,也形成了品牌里的爆款单品或爆款系列。比如喜茶,将芝士融入奶盖,咸香浓郁的细腻口感与茶底完美融合,形成了"芝芝茗茶"和"芝芝果茶"两个系列产品;茶颜悦色将奶泡或淡奶油做成奶盖,推出"一挑、二搅、三喝"的饮用方式,打造出"幽兰拿铁""声声乌龙"等网红单品;鹿角巷运用黑糖珍珠为配料,带有焦糖香的甜腻口感搭配牛奶的丝滑,打造出了爆款脏脏茶;奈雪の茶更是运用"茶+"的模式,以一杯好茶,搭配一口软欧包的思维,形成了 1+1＞2 的效果。

特定的配料会让消费者印象深刻,商家们也开始致力于寻找千禧一代熟悉的零食来搭配茶饮,我们称之为"童年的味道"。如奈雪の茶加入旺仔牛奶,推出一款旺仔宝藏茶;快乐柠檬加入大白兔奶基,推出大白兔爱柠檬、大白兔奶茶等多款饮品。除了这些与茶饮联名的品牌零食外,带有童年记忆的奥利奥碎、养乐多、布丁等小零食也广泛应用到了茶饮里面。

口感丰富的茶饮

此外,茶开始与其他饮料混搭,推出茶咖、茶酒等单品,成功吸引了一批平时喝咖啡和喝鸡尾酒的消费者。茶饮还可以和冰激凌、火锅等搭配,或是在茶饮的包装上做文章,把平时用的塑料杯变成可食用的饼干杯,营造出一种可吃、可喝、可边吃边喝的新"玩法"。

4. 视觉盛宴

中国人对美食的追求讲究色香味形俱全,好的菜式会在上餐桌前进行摆盘,好的茶饮也不例外,除了对香气与滋味的追求外,一杯茶饮所呈现的视觉效果也不容忽视。因为视觉是人类接收信息的主要形式之一,视觉上的呈现也会直接左右消费者的主观判断。

比如现在的果茶饮中大量添加新鲜水果,使消费者在视觉上感到物有所值。颜色上水果茶要求清亮、透亮,奶茶要求不能过于黯淡。这是最基本的呈现,让消费者有欲望去购买这杯茶饮,可以初步判断它不难喝。

在新式茶饮里面还会利用色彩的对比,来形成强烈的视觉冲击或层层渐变的分层效果。如脏脏茶、泼墨茶系列,利用黑色的珍珠、芝麻,紫色的紫薯,绿色的抹茶等元素的挂壁与白色的鲜奶或米色的奶茶搭配形成的泾渭分明的视觉效果;如彩虹茶系列,利用不同颜色糖浆或显色元素,像红色的洛神花、蓝色的黑枸杞等,或各种颜色的茶汤,在溶液中有密度差,从而形成了分层的效果。还可以搭配加入蛋糕里

新式茶饮打造视觉盛宴

常用的可食用色粉,形成一杯闪闪发光的茶饮。

另外一类是在奶盖上做文章的饮品,如盆栽奶茶,奶盖为奶霜上撒满奥利奥,再插入一片薄荷叶,形成盆栽的效果;如雪顶奶茶,奶盖为淡奶油或冰激凌,造型成雪顶的形态;还有红极一时的占卜奶茶,利用消费者猎奇的心理,在点单前让你写一个问题,然后制作奶盖的时候在白色的奶泡上撒上可可粉,形成各不相同的一句鸡汤答案,正好"回答"了你的提问。

新式茶饮打造视觉盛宴的目的除了增加消费者的购买欲和提升其对产品的喜好程度外,还抓住了年轻一代消费者爱秀爱分享的心态。一杯高颜值好喝的新式茶饮,很有可能被消费者分享到各个社交平台,引来更多人的"打卡",也许就成了下一个爆款茶饮。

附:家庭自创调饮茶

1. 茉莉奶绿

(1)取80℃纯水,按茶水比例1∶40称取茉莉花茶,将茶撒于水面冲泡6分钟,中途轻搅,时间到后过滤出茶叶,茶汤备用;

(2)取700毫升雪克杯,放入50克纯牛奶、20克炼乳、20克白砂糖,加入300毫升茉莉花茶茶汤搅拌均匀;

(3)再加冰至雪克杯满,摇匀即可出杯。

制作茶饮

2. 玉露微醺

(1)称取2克恩施玉露,加入100毫升热水泡制3分钟,时间到后过滤出茶叶,茶汤冷却后备用;

(2)在雪克杯中放入青柠檬挤汁2克、黄柠檬挤汁5克、香水柠檬片3片、果糖20克、青梅酒35克,摇匀;

玉露微醺　　　　　　　　　　　　　　水果茶

（3）在成品杯中放入适量的冰块，将雪克杯中的饮品倒入；

（4）再在雪克杯中放入捣碎的奇异果60克，加入适量冰块及100毫升茶汤，摇匀；

（5）将雪克杯中的饮品缓缓倒入成品杯中，形成分层的效果。

3.满杯水果茶

（1）称取2克龙井茶，加入250毫升热水泡制3分钟，时间到后过滤出茶叶，茶汤冷却后备用；

（2）雪克杯中放入黄柠檬2片、香水柠檬2片，捣5下后出汁，再在雪克杯中放入果糖50克、龙井茶汤250毫升、冰块200克，摇匀；

（3）出品杯中加入百香果10克、橙子2片、苹果3片、草莓2颗；

（4）将雪克杯中的饮品倒入成品杯中即可出杯。

包装迭代

现代社会，新式茶饮除了满足人们对美食的基本追求外，逐渐被赋予了更多的休闲社交娱乐属性。对于饮品，"独乐乐"固然是一种享受，

"众乐乐"则更是一种交流方式,体现了中国人"以茶会友"的社交文化。

包装,作为消费者接触产品最直观的印象,就好比产品的皮囊。消费者只有先被好看的皮囊吸引,才会有更深入了解灵魂的欲望。可以说,新茶饮本身就是个代表美、创造美的行业。作为消费者,也乐意把这种美传播和分享出去。

所以,商家开始在产品的包装上做文章,什么样的包装美而精,什么样的包装博人眼球,什么样的包装可以解决消费者的痛点,这些都是商家要考虑的。

1. 外形设计

外观设计上,商家首先会考虑到什么样的形状可以在视觉上让茶饮的容量显大。消费者一般在购买茶饮的时候,只会选择小杯、中杯和大杯,但是它对应的是多少毫升容积,便无从知晓。这时商家就会玩"视觉游戏",让饮品看起来物超所值。其间的原理就是细长的杯形会比矮胖的看起来容量更大。

当然外观设计还会考虑对于消费者的便利性,因为饮品对消费者来说有随拿随走的习惯,所以宽度上会考虑一只手的弧度,即单手刚刚好能握稳的尺寸最合适。而为了避免烫手,饮品往往会辅以杯托或者手提袋。

除了传统的杯状设计外,商家们为了制造卖点还会有一些别出心裁的设计。比如塑料袋茶,将果茶或是奶茶装进透明塑料袋里,用麻绳封口,喝的时候需要插入吸管。这种包装的好处是可以一眼看清里面的原料,成本上也比杯子便宜很多,缺点是不易放置,容易洒出。当然抛开设计的合理性不说,它的出现最主要目的还是为了博眼球,引起话题传播。

此外,外卖行业的兴起,给产品的设计又出了新的难题。最初,商家们只是把外卖看成了茶饮的又一个渠道,但是随着点外卖消费者对产品的投诉越来越多,商家们开始思考如何把外卖做到跟门店所买的产品尽可能的一致:如奶盖类产品拒绝外送;对外送产品本身进行配方的改进;提高外送包装的保温性能;还有最直观的一点,保证外送不洒。

外送不洒,看似很简单,但是商家费的工夫可不少。如星巴克的专星送(外卖渠道)产品,就针对杯盖的设计申请了多个专利。其原理是双层杯盖,即使在运送过程中洒出了第一层,回旋的设计又把液体引流回杯子里,而第一层与第二层之间又严丝合缝地盖着,保证液体不会从第二层洒出。

小小的一个设计背后,体现了星巴克的态度,这也是新式茶饮的态度。中国的新式茶饮为了能让消费者能有越来越好的体验,在研究创新的道路上所做的还远远不止这些。

2. 包装材料

新式茶饮目前用的主要包装材料为纸杯、塑料杯。在材料的选择上,首先考虑的是安全性,因为会出品热饮,就要求材料耐高温,常用的塑料材质为PP,如PET,长时间高温状态下会释放有害物质,不建议用在茶饮的包装中。

其次,包装材料还要考虑如何与茶饮搭配显得相得益彰。如果用纸杯的话,会在杯子上绘制好看的图案来表达此产品或者此品牌的特点,而用透明的塑料杯则更注重于体现产品本身。从原料的成分到搭配出的视觉效果,都可以展现得淋漓尽致。还有一种磨砂塑料杯的材质目前也开始广泛饮用,它被捧在手里不仅手感很好,磨砂的材质又像是给产品蒙上了一层"面纱",这种若隐若现的美,也为消费者所追捧。

如今,随着限塑令的出台、垃圾分类的实施,人们的环保意识逐渐增强。新式茶饮也开始使用可降解或者可循环利用的包装材料。像环保材料PLA塑料就开始用在了茶饮包装中,这是一种由可降解玉米淀粉纤维为原料加工而成的,使用后会被自然界中的微生物完全降解,最终生成二氧化碳和水,不污染环境。

还有一种常见材料为玻璃杯,虽然安全环保可重复利用,但是用它作为包装材料,无疑提升了一杯饮品的成本。消费者饮用完饮品,剩下的玻璃瓶丢了可惜,带着又很麻烦。针对这种情况,商家给出两种选择:一是可以自带杯子或者购买商家的杯子,再购买饮品的时候可以享受相应的折扣;二是使用商家准备的杯子,但必须在门店内饮用,使用后杯子会被收回进行循环使用。无论是哪种方法,都会在执行上遇到或多或少的困难,因此目前普及率还不是很高,很多消费者甚至不知道商家有这种选择,所以对门店的管理和对消费者的普及教育还有很多的工作需要做。

对包装材料的选择还有一个方面就是针对外卖,如何在经过长途跋涉后,能保证送到消费者手上的仍是一杯有温度或冰爽的茶饮,对于大多数需要依托第三方送餐平台的商家来说,只能从包装上做文章。一般导热性能差的材质会更有利于茶饮的保温。此外,材料还要结实以避免配送过程中的挤压变形,从而影响消费体验。

3. 产品外观

在竞争日趋激烈的新式茶饮的"战场"上,人们惊喜地发现,饮品界的审美一再提高,越来越多的品牌都注意到这点,这也成了不少品牌脱颖而出的利器。的确,最近几款网红茶饮品牌的创始人,都有艺术背景。比如鹿角巷的创始人邱茂庭所学的专业是品牌设计,茶颜悦色的创始人吕良曾经是名设计师,奈雪の茶的创始人彭心也非常爱逛艺术展和收藏艺术作品。对于他们来说,艺术是新式茶饮的基因,是深深刻在产品骨子里的东西。这背后的深意告诉我们,品牌正在抛弃一味追热点的"一火即过"现象,开始选择经典来作为载体,沉淀出更具价值感的内涵。用游离在生活和想象间的艺术,打造出品牌在消费者心中年轻又有内涵的印象。如今,有些品牌甚至把艺术都放在了人们手里,打造出了行走的艺术理念。在营销合作里,和"艺术"结合也成了新的选择。也许,审美要成为新的竞争力了。

产品所能体现艺术的地方主要有杯子、杯套、杯袋和周边产品。

杯子上所出现的主要有品牌的名字和Logo,这是一个品牌的标签,也是一个品牌身份的象征。但杯子往往受到制版的限制,不会有太多的花样。相比较而言,更容易做文章的就是杯套。

杯套上所印的图案通常契合了这个品牌和这个产品的主题,它可以是一套系列组合,也可以是IP的经典形象,还可以是跨界联名的爆款单品,这些直观生动的形象无疑会第一时间抓住消费者的眼球,成为话题传播的热点。此外,颜色上还会用到搭配的技巧,以更凸显产品的颜值。除了图案,文案的作用也不容小觑。一句撩人的slogan(宣传语)、一段直击人心的独白,都让品牌的灵魂变得更加生动。还有一些商家会在杯套上印上二维码,去引流更多的消费者关注公众号或者小程序。

茶饮的包装

杯袋，可以说是移动的广告。一个好看并且可重复利用的杯袋，消费者愿意背着走上街头，品牌也能被更多的人看到。同理，好看的周边也能达到品牌传播的作用。只要是商家用心的设计，这些产品便成了品牌跟流行和艺术的"对话"桥梁，也更加体现了产品的价值。

场景演绎

茶饮在经历了粉末时代和街头时代后，来到了新式茶饮时代。新式茶饮的"新式"不仅仅体现在原料的升级上，它更是一种营销的升级、运营的升级、消费体验的升级。单品的价格涨了大约一倍，却吸引了更多的消费人群，这背后是消费的升级，体现了消费者愿意出更多的钱买更好的产品和更好的体验。

较之前在茶饮经营上获得第一桶金的商家而言，这一时期的商家更多的是有产阶级和社会成功人士，他们共同的特征是已经完成了资本的原始积累，更愿意去经营结合兴趣品味、空间美学和流行时尚的休闲事业，为消费者提供更多元的茶饮消费体验空间。

在消费场景的演绎上，随拿随走的消费习惯只是一部分人的选择，更多的消费者愿意在门店或是线上进行消费。于是商家们开始注重新式茶饮店第三空间的打造以及O2O消费平台的构建。

1. 第三空间的打造

新式茶饮店由于有大量的资本注入，品牌化发展的休闲饮品店，开始发展成为集休闲、文化、娱乐、赏食、品饮、信息交流、消费体验等为一体的多功能复合式休闲店。这时候的茶饮不再只是贩售饮品，而更多的是贩售体验。

在第三空间的打造上，新式茶饮开始对标"星巴克"，让客户有更好的消费体验。但是在选址、店内装修以及对应人群上，跟星巴克又不尽相同。

选址上，相对于星巴克开设地点以在写字楼周边为主，新式茶饮更多的是开在了大型购物中心里，其主要的一个原因就是"造势"。写字楼周边的人群往往是固定的，但是大型购物中心的人群确是流动的，开在大型购物中心,就有了更多的流量。像喜茶刚入驻上海就成了热点,各大媒体纷纷报道这家需要排队几个小时才能点上单,甚至黄牛价都炒到三位数一杯的茶饮品牌,于是喜茶也迅速地火了。

反过来,购物中心的地产商也更倾向于选择能带来流量的商家。有流量的茶饮店所付的租金可能会低于市场价的10%,甚至有地产商可以接受免租金、只分成的模式。但如果是开在写字楼,地产商则不会愿意为这一点降价。

装修上,相对于星巴克的简单舒适,新式茶饮更追求美感。室内主基调以白色为多,座位区会摆上几张桌椅,有些高端点的门店在靠墙的位置还设有书架。店内有几张沙发,可以容纳十几人,门口两侧设有吧台。不论是店内的陈列、物品的摆设、周边产品的展示,甚至像一些小物件的设计,比如桌椅、垃圾筒等,都体现了细致之处,随手一拍便有大片既视感。整体设计风格时尚、个性、创新、别具一格。即使是连锁店,每个门店也有其独特的风格和调性,不再是千店一面,这不仅增进了消费者的体验,同时也促进了消费者的分享欲望。

但美的背后,消费者却体会不到它的实用性。对于消费者而言,新式茶饮的第三空间更像是休闲娱乐后一个歇脚的地方,它里面的桌子较小,除了能放置几杯刚点好的茶饮外,几乎没有太多的空间去放其他东西。坐落在购物中心,射灯的亮度调得较高,周边声音较嘈杂、私密性较差,所以很少看到有利用新式茶饮空间学习或者谈事情的消费者。相比较而言,开在写字楼附近的星巴克,桌子宽大、灯光幽暗、私密性好,这也是吸引更多学生或商务人士光顾的原因。

当然,新式茶饮也在致力于拓宽它的消费场景。如今除了购物场景外,复合式的休闲店也创造了品牌跨界合作的环境。茶饮店+书店、茶饮店+服装店、茶饮+餐饮等结合的消费场景让茶饮品牌化越来越明显。最常见的合作便是茶饮+餐饮,可以说餐饮行业也开始跨界"卖茶"了。

由于茶饮的流量效应与高利润特点,且消费场景天然与餐饮相连,以火锅企业为代表的餐饮行业正在布局茶饮市场。例如呷哺的高端火锅店品牌凑凑已经正式地推出了系列奶茶。根据相关数据,目前在凑凑的门店中,茶饮的销售平均占比为18%～22%。而仅次于海底捞

休闲空间的打造

与呷哺的中国第三大火锅品牌小龙坎，也推出了独立门店的茶饮品牌"龙小茶"。

不论是标准的茶饮企业还是跨界的火锅企业，品类盲目的扩张只会导致昙花一现，能否生存下去最终考验的还是产品的专业度、供应链管理能力和对市场需求的洞察力。

2. 消费模式的改变

随着购物市场线上线下的融合，行业稳定发展，线上消费已成为主流零售渠道。据估计，2018年中国网络购物市场交易规模约为7.7万亿元，这意味着每100元消费中有20元来自电商。新式茶饮也开始顺应市场的变化拓宽了线上宣传及销售渠道。

随着外卖平台美团、饿了吗等的兴起，商家开始依托这些平台开拓产品外卖渠道。如喜茶、奈雪の茶、乐乐茶等都已入驻线上外卖平台；另外像茶煮，开发微信自有商城、小程序等销售渠道；关茶在淘宝、天猫、小红书、下厨房、百度外卖等平台搭建了多个线上销售渠道。

而由于这种消费结构的变化和信息技术的发展，新式茶饮开始将线下的物流、服务、体验和线上的商流、资金流、信息流融合在一起，打造O2O的营销模式，即将线上渠道与线下渠道进行整合，通过线上和线下的优势互补，形成销售合力。由线上的宣传引导线下的消费，或由线下的体验促进线上的消费。

这种新型的营销模式，在互联网大数据的支撑下，商家可以准确地构建出消费者用户画像，做到精准营销。同时可以根据顾客的消费习惯数据和线上的用户预订信息来安排线下的商品物流，以提高资源整合效率。还可以根据销售数据的分析、线上消费点评等来实现产品的优化等。可以说新时代的信息化、智能化技术将成为饮品店连通数据、提升效率的得力助手。

但值得注意的是，O2O营销模式的核心在于线上与线下的差异化，以实现最佳的营销效果。线下的新式茶饮店铺的主要目标是增加客户体验、会员活动、茶饮的宣传等，而线上的平台则更应该关注与客户的互动、扩大消费群体、获取消费数据等。因此，O2O行销模式的建设应将线上与线下用户进行区分，设计不同的产品体系，专注于服务不同的消费人群，实现差异化营销。

茶饮行业前瞻

2018年，对于新式茶饮来说是跌宕起伏的一年。有些大品牌忙着扩张、融资、出海，前景似乎一片大好；有些品牌红极一时后却再也寻不到踪迹，或是在生死边缘奋力挣扎。矛盾的根源就在于有些茶饮愿意沉淀下来去做深耕，去持续运营一个品牌，有些茶饮却是盲目追逐，想蹭一波热度打入新式茶饮这片"红海"。

由于新式茶饮的门槛较低，供应链简单，方便运营，又热度不减，第一批进入的品牌基本都尝到了甜头，所以也引来了越来越多的投资者跻身其中。经过2017年的沉淀和2018年的爆发后，目前新式茶饮店已日趋饱和，在一个大型商场里面，一层楼甚至都会出现3～5家茶饮店，远远超出了消费者的需求。

进入新式茶饮圈子的中小品牌，由于自身根基薄弱，基本不具备产品的研发能力,想迅速从茶饮这片红海中分一杯羹的捷径往往就是靠"抄袭",所以新式茶饮圈内同质化现象严重。今天柠檬茶火了,明天就满大街的柠檬茶;明天奶盖茶火了,后天就是铺天盖地的奶盖茶。虽然行业的创新者为了加大壁垒,会优化产品的核心原料或技术,但是模仿者很容易从名字和产品的外观上模仿到形似,不去喝上一杯又怎能辨别好坏。

茶饮行业还有一个痛点是商标。茶饮产品没有壁垒,容易复制,而商标注册又较慢,所以经常一个茶饮品牌火了,但是商标却没有注册下来。这时候加盟领域的神秘力量——快招公司就会以迅雷不及掩耳的速度复制出看似一样的店,然后在全国招商,通过蹭各种品牌的影响力和做虚假承诺来吸引加盟商。深受其害的典型就有消费者所熟知的鹿角巷和答案茶。

如今,新式茶饮市场开始趋于理性,品牌如何在乱象中环生,由网红变长红,甚至是走出国门,让茶饮遍地开花,都是企业值得思考的问题。

品牌深耕

新式茶饮的一大特点就是面对千禧一代年轻消费者的购买忠诚度较低,他们热衷于追捧热点,对网红产品趋之若鹜。这种现象就导致茶饮店的用户黏性很低,转换成本几乎为零。所以网红茶饮店不应该只考虑当下,还要努力做到在众多后起之秀中依然屹立不倒。这就要求新式茶饮店经得起沉淀,持续做品牌的深耕。

中国茶饮市场要想摆脱消费者对网红茶的偏见,首先需要从产品本身出发,通过满足消费者的物质需求和精神需求,消除产品同质化、实现差异化来建立品牌壁垒。这就要求品牌继续研发新品,增加深度。同时向高端路线发展,不仅在原料上要全新升级,在制作工艺上也需要更加专业化,使得产品无论在出杯速度、出品造型,还是饮品口感等方面都更加稳定,开展更多元化的发展渠道。茶饮市场的更新迭代速度快,单一的饮品已经无法满足消费者的需求,而多元化、复合式的经营方式仍是茶饮行业未来发展的主流,如茶饮+软欧包,奶茶+可丽饼等。

其次,通过树立与消费者一致并具有正确导向的品牌价值观赋予品牌附加值,加深消费者对品牌的信任度和忠诚度。提高品牌营销力,产品创新与新媒体营销相结合。在度过了抢夺市场的野蛮生长期后,品牌需要考虑投入更多的资源在品牌建设上。产品永远可以革新,但品牌文化是帮助品牌长青的重要资产,也是区别于其他竞争对手的护城河。品牌做大了最直观的好处是将引来更多的客户量,此外也可以利用品牌的优势拿到价格更低的茶饮店租金以及有优势的原材料价格等。

最后,找到最触达消费者的营销渠道,建立与消费者的双向沟通和社交联系,最终确定以消费者为导向的品牌营销策略,扩大品牌的规模,这是网红茶饮走向长红的制胜法宝。在互联网与新媒体的时代背景下,网红经济日益发达,我们要利用好新媒体营销方式推销自己的品牌。最常用的方式有饥饿营销:网红店的诞生不是自发的,而是网络媒介环境下,网络红人、网络推手、新媒体以及受众心理需求等利益共同体综合作用下的结果;善于应用社交媒体:一方面利用社交媒体上的KOL帮助传播,同时本地同城类的账号,亦可以体验、探店的方式,帮助更多的潜在消费者做产品体验。

新式茶饮只有做到技术、品牌、规模这三大壁垒优势,才有可能从网红发展成长红。

走出国门

一方面是国内茶饮的市场基本饱和,另一方面是茶饮品牌自身的战略布局,一些茶饮品牌开始将新式茶饮推向国际市场。

出海战略中,喜茶和奈雪的茶都选择了市场成熟、文化相近、消费习惯相似的新加坡作为第一站,两家品牌也均致力于弘扬中国传统文化。喜茶的中国元素体现在新店的装修上,延续了空间美学,用竹子展现和凝聚东方禅意,采用现代化的表达方式将传统茶文化的禅意与年轻化的灵感融为一体。而奈雪的茶,则将中国元素融入了产品中,出了泡椒牛肉、京酱肉丝等中国风味的软欧包。

事实上不止喜茶、奈雪的茶等大品牌在探索海外市场。KOI早在2007年于新加坡设立第一家海外门店,如今在海外各地已开设100多家门店,CoCo都可、四云奶盖贡茶、快乐柠檬等品牌也早已在日本等

走出国门的新式茶饮

地开店。还有一些主打国际市场的茶饮品牌如R&B巡茶已在洛杉矶、越南、新加坡等地开店。

　　无论是距离较近的日本，还是横跨十几小时的美国，一旦台式奶茶、奶盖茶等这类新茶饮产品在当地开店，都会有大排长队的现象。这是因为茶作为承载中国文化的强力纽带，一方面"捆绑"了有着思乡情怀的华人，一方面"连接"了对中国文化有着猎奇心的当地人民。当越来越多的国外消费者接受"茶"这个中国符号时，国内消费者的民族自豪感也被带动。这一次的茶饮出海，意味着更多元的文化交汇。

　　不过，从长远看，新式茶饮在国外能否发展的顺风顺水，还是要经过重重考验。首先是品质的把控，对供应链、人力资源都要有很高的标准；其次是思考茶饮品牌如何围绕"茶"元素作国际化和个性化的表达；最后要深入研究如何打破文化边界，让茶饮与当地饮食文化有更好的融合，做出更适合外国人口味与审美的产品。

（撰稿者：韦欢）

附　录

茶用英语

一、茶的历史和文化 The history and culture of tea

（一）茶的起源和发展 The origin and its development of tea

1. 中国有句家喻户晓的俗语：开门七件事，柴米油盐酱醋茶。这句话反映了茶在中国人日常生活中的重要性。

   A popular Chinese saying goes, Firewood, rice, oil, salt, sauce, vinegar and tea, the seven necessities with which to open a day. From this saying, we can see the importance of tea in Chinese daily life.

2. 中国是茶的故乡，是最早发现、利用并栽培茶树的国家。人们认为，茶的发现和利用已有四千多年的历史。

   China is the birthland of tea. Tea was first discovered, used and cultivated by the Chinese. It is believed that the discovery and usage of tea dates back to more than 4000 years ago.

3. 关于茶的起源众说纷纭，大致说来有两种，分别是"食品说"和"药物说"。

   Opinions vary regarding the origin of tea, with two prevailing theories: "the food theory" and "the medicine theory".

4. 很多人认为，茶最初被用作药物，这源于"神农尝百草，日遇七十二毒，得茶而解之"的说法。

   Many people believe that tea was originally used as a medicine. This theory is founded upon the following excerpt from a Chinese classic about a legendary ruler who was said to have also been China's first farmer. "Shen Nong tasted all kinds of herbs in his search for ones with medicinal properties. He once ingested 72 poisons in a day, and was cured by the chance discovery of tea."

5. 关于茶的发现，或许更为合理的解释是，原始人在采集和尝试植物作为食物的过程中，偶然发现了茶叶的药用功能。

   Perhaps a more reasonable explanation for the discovery of tea is that primitive people found the therapeutic properties of tea leaves by chance while they were collecting and testing plants for food.

6. 此后很长一段时间，茶叶被视为药物。随着人们对茶的进一步了解，茶逐渐成为饮品。

   For a long time after its discovery, tea was used as a medicine. Gradually, people came to know more about it and began to regard it as a drink.

7. 据说大约三千年前，茶叶已作为贡品。

   It is believed that tea was used as an offering as early as 3000 years ago.

8. 中国人饮茶有可靠记载的是在两千年前的汉代,当时主要局限于蜀地。汉以后,饮茶的风气逐渐在全国范围内形成。

Reliable records of Chinese tea-drinking can trace back to the Han Dynasty around 2000 years ago. At that time, tea was mainly consumed in the southwest of China. Later, the habit of drinking tea gradually gained popularity countrywide.

9. 在随后的魏晋南北朝时期,许多名士"以茶倡廉",赋予茶更多精神上的意义。

In the following dynasties (the Wei, Jin, and the Southern and Northern Dynasties), many famous people used tea as a substitute for liquor to promote integrity, thus bestowing upon it a more spiritual significance.

10. 唐代是中国茶文化正式形成时期,宋代是茶文化发展的黄金时期。

Chinese tea culture was officially formed in the Tang Dynasty, and the following Song Dynasty was the golden age of its development.

11. 元、明、清时期,在继承传统的基础上,茶又得到了深入的发展。清末,茶馆已成为一个浓缩的社会。

During the Yuan, Ming and Qing Dynasties, the tradition of tea-drinking became more refined. By late Qing Dynasty, the Chinese Tea house had become an epitome of Chinese social life.

12. 今天,茶是中国最受欢迎的饮品。

Nowadays, tea is the most popular beverage in China.

13. 八世纪时,中国唐代陆羽所著《茶经》是世界上最早的茶及茶文化专著。此后,关于茶的书籍和文学艺术作品日益增多。

The Classic of Tea, written by Lu Yu in the 8th century of the Tang Dynasty was the world's earliest treatise on tea and tea culture. Since then, the number of books, as well as literary and artistic works on tea have been on the rise.

14. 由于《茶经》的巨大影响力和历史地位,陆羽在中国被称为"茶圣"。

Owing to the influential power and historical status of *The Classic of Tea*, Lu Yu is also known as China's "Tea Saint".

15. 茶是中国古代对外贸易的主要商品之一。随着茶的出口,茶文化也随之传到国外。可以说,中国茶文化是各国茶文化的摇篮。

Tea was one of the most important exports to foreign countries in ancient China. Chinese tea culture was also spread through the transportation of tea. Therefore, it can be said that tea cultures around the world can trace their origins back to Chinese tea culture.

（二）茶俗与茶礼 Tea customs

1. 目前在世界三大饮料茶、咖啡和可可中，茶的消费人群最大。

   Of the world's three major beverages, tea, coffee and cocoa, tea is consumed by the largest number of people.

2. 在中国，茶为国饮，一些地方将每年的谷雨定为"全民饮茶日"，而这一节日为越来越多的人所接受。

   Tea is the national drink in China. In some places, people have established Grain Rain, which usually falls on April 20th and ends on May 5th , as the "National Tea Day", festival celebrated by more and more people.

3. 中国人讲究"客来敬茶"。奉上一杯茶不仅是礼貌，更是将客人视为家人的象征，同时也表达了对客人的尊敬和欢迎。

   Tea is often used by Chinese families to welcome guests. Serving a cup of tea is more than a matter of mere politeness. It is also a symbol of togetherness, signifying respect and welcome.

4. 中国人敬茶时只沏七分满，余下三分是情谊。

   Chinese people always fill 7 parts of the cup, leaving three parts empty as a gesture of friendly sentiments when pouring tea.

5. 茶在中国被赋予很多意义，如表示尊敬、歉意、原谅、祝福等。

   Tea holds many meanings in China, which can be used to convey respect, apology, forgiveness and blessing, etc.

6. 茶可以表达祝福、尊敬，此外茶树"茶不移本，植必子生"的特点，使得茶成为婚礼仪式重要的一部分。

   Aside from being used as a token for respect or blessing, it is thought that tea plants can only be grown using seeds and from scratch, so that they shouldn't be transplanted. This makes it an important part of the wedding ceremony as a symbol of faithfulness.

7. 茶可以表示歉意，因而在中国，茶馆也成为解决纠纷、重修旧好的一个场所。

   As tea can be used to show apology, Chinese tea houses became a place to resolve disputes and patch up relations.

8. 不同地区的人们喜好不同的茶叶品类，有着各具特色的冲泡、品饮习惯。

   People in different areas have their own favorite types of tea, with different brewing procedures and drinking etiquette.

9. "三道茶"是云南白族的一种饮茶方式。它以其独特的"头苦、二甜、三回味"的特点类比人生历程。

   The "three-course tea" is a tea-drinking custom of the Bai people in

Yunnan province. It is characterized by having three distinct flavors, one for every brew. The first brew is bitter to the taste, the second sweet, and the third flavorsome. It is used as a metaphor for human life.

10. 游牧民族经常将砖茶与牛奶一起煮,烹制出可口并营养丰富的奶茶和酥油茶。

Nomadic people often boil brick tea together with milk, to make the delicious and nutritious milk tea and yak butter tea.

11. 目前世界上有60多个国家种茶树,有160多个国家有饮茶的习俗。

Nowadays, more than 60 countries in the world produce tea, and over 160 countries have customs of tea-drinking.

12. 不同国家的人们对饮茶有不同的理解,并形成不同风俗。

People have differing ideas about drinking tea in different countries, resulting in a variety of different customs.

13. 中国人随时随地都喝茶,无论在家,在办公室或在茶馆。中国人喜欢清饮,即不添加任何辅料。

In China, people drink tea whenever and wherever, whether at home, in the office or in tea houses. The Chinese prefer plain tea, with no additional ingredients.

14. 日本有着独特的泡茶技艺,称为"茶道"。日本茶道源于中国,具有浓郁的民族风情和极高的美学意义。

The Japanese way of brewing tea involves a lot of skill, it is called the tea ceremony, or Chado. Originating from China, Chadoembodies aesthetic values as well as strong national characteristics.

15. 在英格兰,饮茶是生活的一部分,每日傍晚是下午茶时间。喝茶时,人们用茶壶泡茶,在茶中加入牛奶和糖,再配上蛋糕、饼干或三明治。

Drinking tea is also a part of everyday life in England and teatime takes place in the late afternoon. When having tea, the tea is brewed in a teapot, served with milk and sugar, and accompanied by cakes, cookies or sandwiches.

16. 美国人通常在早餐或饭后饮茶。他们通常用更为快速和便捷的茶包泡茶。夏天美国人喝"凉茶",即冰镇过的茶或罐装冰茶。

People drink tea mostly at breakfast or after a meal in the United States. Americans usually use tea bags to make tea, which are faster and more convenient. In summer, many Americans drink "iced tea" or canned iced tea.

17. 虽然中国是最大的茶叶生产国,但土耳其是人均茶叶消费量最大的国家,每年人均茶叶消费量约为7千克。土耳其有句俗语"交谈时不喝茶如同没有月亮的夜空"。

Though China is the largest producer of tea, Turkey is the largest consumer of tea per capita, consuming about 7KG of tea per person each year. "Conversations without tea are like a night sky without the moon" is a popular Turkish saying.

二、茶的分类和贮存 The categorization and storage of tea

（一）茶的分类 Categories of Tea

1. 由于气候及地理位置的不同，中国有成千上万种茶，呈现出不同的颜色、形状和滋味。

   Due to diverse climate and different geographical features, there are thousands of tea varieties in China, with different colors, shapes and taste.

2. 茶最常见的分类是基于制作工艺。茶通常分为两大类：基本茶类和再加工茶类。

   The most popular way of categorizing tea is based on the methods used to process it. Tea is divided into two big groups: basic tea and reprocessed tea.

3. 在基本茶类中，茶又可以进一步分为以下六类：绿茶、红茶、白茶、黑茶、黄茶、乌龙茶（因干茶通常为绿褐色，故也叫青茶）。

   There are six types of basic tea, green tea, black tea, white tea, dark tea, yellow tea and Oolong tea. Oolong tea is also called "Qing Cha" in China due to its greenish-brown color.

4. 绿茶是指未经发酵而制成的茶。冲泡后茶叶仍然呈绿色。

   Green tea refers to the tea that is made without being fermented. It is so named because tea leaves remain green after being steeped in boiling water.

5. 通常，高档名优绿茶要求采摘细嫩的芽叶做原料。

   Generally, high-quality green tea is made using delicate tea buds.

6. 如特级龙井茶的鲜叶非常细嫩，制作500克这样的龙井茶大概需要3~5万个茶芽。另一种著名的绿茶碧螺春的鲜叶采摘和制作要求也非常精细，加工500克干茶需6~7万个嫩芽头。

   For example, the best Longjing tea is usually made of very tender buds and it takes about 30,000 to 50,000 tea buds to make just 500 grams. Producing the best Biluochun also needs high-quality raw material and fine craftsmanship. 500 grams of Biluochun takes 60,000 to 70,000 buds to make.

7. 红茶是一种全发酵茶,这一类茶在中国被称为"红茶"。因其茶汤和茶叶都是深红色,因此得名。

Black tea is a completely fermented tea. In China, it is called "red tea". It is so named by the Chinese because both the brewed tea the tea leaves are dark red.

8. 中国红茶味道甜美醇厚,有暖胃的功效,适合春秋两季饮用。

Black tea (Chinese red tea) tastes sweet and mellow. People believe it warms the stomach, so it is a nice drink in spring and autumn.

9. 乌龙茶是一种半发酵茶,主要产于福建、广东和台湾地区。

Oolong tea is a half-fermented tea, mainly produced in Fujian, Guangdong and Taiwan.

10. 乌龙茶干茶呈绿褐色,因此也被称为"青茶"。冲泡后,茶叶呈现绿色或发红,而茶汤则呈橙黄色或黄色。

The color of dry Oolong tea leaves is greenish brown, that's why it is sometimes referred to by Chinese people as "Qing Cha". After being steeped in boiling water, the tea leaves may remain green or turn red, while the tea takes on an amber color.

11. 乌龙茶融绿茶的清香与红茶的醇厚为一体。因其保健和减肥功效,深受国内外爱茶人的欢迎。

Oolong tea combines both the fragrance of green tea and the mellow taste of black tea. It is popular among tea-lovers home and abroad for its health benefits and its effects in keeping on diets.

12. 黄茶的干茶和茶汤都有独特的黄色。人们将鲜叶渥堆发酵以达到闷黄的效果。黄茶有独特的清香,口感清香醇厚。

Both the leaves and the tea of yellow tea are a distinct shade of yellow. Fresh leaves are thickly piled to ferment for a period of time in order to achieve the yellow color. Yellow tea gives out a pleasant and refreshing aroma, and has a fresh and mellow taste.

13. 白茶,一种轻发酵茶,是福建省的特产。鲜叶采摘后通常置于阳光下干燥。白茶干茶表面覆盖一层白色绒毛,因此得名。

White tea, a specialty of Fujian province, is a slightly fermented tea. The leaves are sundried after being picked. Dry white tea leaves have a layer of white fuzz on top.

14. 黑茶是指中国特有的后发酵茶。制作黑茶的过程相当复杂,成品黑茶呈现出浓重的油黑色,因此被称为黑茶。

Dark tea refers to a kind of post-fermented tea made only in China. The process of making dark tea is rather complicated. The tea is black in color so it is called "Hei Cha" (which literally means black tea) in Chinese.

15. 我们知道,英语中的"black tea"等同于中国的红茶。为了与国际市场保持一致,"dark tea"这个名称用来指这种后发酵茶。

Black tea already refers to Chinese red tea, so in favor of being consistent with the international market, the name "dark tea" is used to refer to this kind of post-fermented tea.

16. 再加工茶是指以某种工艺进一步加工的基本茶类。花茶和紧压茶是再加工茶的两个主要代表。

Reprocessed tea is literally any of the above mentioned tea further processed. Scented tea and compressed tea are the two major representatives of reprocessed tea.

17. 花茶是由茶叶和花卉配制而成。茶叶通常选用绿茶或红茶,花通常选用茉莉花、桂花、玫瑰、梅花、菊花、莲花等。

Scented tea is a mixture of tea leaves and flowers. We usually use green tea or black tea to make scented tea. In terms of flowers, we often use jasmine, sweet Osmanthus, rose, plum flowers, chrysanthemum and lotus flowers, etc.

18. 花茶可分为茉莉花茶、玫瑰花茶、栀子花茶等。

Scented tea can be divided into jasmine tea, rose tea, gardenia tea, etc.

19. 茶叶和花的比例会影响花茶的味道。花茶既有茶的香气,又有花香,味道甜美,令人愉悦。

The proportion of tea leaves and flowers will enhance the taste of the scented tea. Scented tea possesses both the fragrance of tea leaves and the aroma of flowers, giving it a very pleasant taste.

20. 紧压茶通常采用黑茶作为原料,通过模具压制而成。因紧压茶通常呈砖或饼状,故亦被称为砖茶或饼茶。

Compressed tea, also known as brick tea or cake tea, is usually made by compressing dark tea leaves in molds to form bricks and cakes, hence it can also be called brick tea or cake tea.

21. 压制过的茶便于运输和储存,因此颇受西藏、新疆和内蒙古等偏远地区人们的喜爱。

Tightly compressed tea is convenient for transportation and storage, thus a favorite for people in remote regions such as Tibet, Xinjiang and Inner Mongolia.

（二）家庭储存 The storage of tea at home

1. 不同的茶叶要求不同的储存条件，总的原则是：阴凉、干燥、通风、无异味。

   Different tea requires different storage conditions, but the general principle of tea storage is that the environment should be cool, dry, well ventilated and odor-free.

2. 对于绿茶和黄茶而言，最方便的储存办法是将茶叶放入袋中并置于冰箱内，低温下茶叶可以保存较长时间。

   The best way to store green tea and yellow tea is to put the tea into sealed bags and store them in the refrigerator. In this way the tea can be preserved for a long time.

3. 高档红茶可以密封后放入冰箱，大宗红茶放在通风、干燥、无异味的条件下即可，但红茶不宜久放。

   High-quality black tea should be sealed in bags and put into the refrigerator as well. Common black tea can be stored in any dry, well ventilated and odor-free space. However, black tea will lose its flavor if left for too long.

4. 乌龙茶可以密封后放入冰箱，通常情况下，乌龙茶的保质期与其发酵程度有关。发酵较轻的乌龙茶，相对而言保质期较短。

   Generally, the shelf life of Oolong tea is related to the degree of its fermentation. The lighter the fermentation, the shorter its shelf life. Oolong tea can be sealed in bags and stored in the refrigerator.

5. 白茶可以密封后放入冰箱，也可放在通风、干燥、无异味的地方。

   White tea can also be sealed and placed in the refrigerator, or stored in a well ventilated, dry and odor-free space.

6. 白茶有一定的收藏价值，素有"一年茶、三年药、七年宝"一说，白茶越存越有味，时间让白茶自然增值。

   White tea high collection value. It is believed that white tea becomes more flavorful with storage, with a saying that goes "First year tea, third year medicine, seventh year treasure", indicating that its value will increase with time.

7. 黑茶无需放入冰箱，只要保存在通风、干燥、无异味的条件下即可。

   Dark tea doesn't need refrigeration. It is mostly kept in dry, odor-free and well ventilated.

8. 黑茶因其特殊的加工工艺，可以较长时间存放，保存好的条件下，黑茶越放越香。

   Dark tea can be stored for a long time due to the special way it processed. The flavor of dark tea mellows with time if stored well.

9. 花茶一般不放入冰箱，因为低温会降低花茶的香味。

Do not put scented tea in the refrigerator because low temperature will reduce its aroma.

10. 茶，究其本质是一种食品。所以除特殊茶类外，大家还应趁新鲜品饮。

Tea is in essence, still a food, therefore apart from certain kinds of tea, we should drink it while it is fresh.

11. 如果茶叶走味了，最好不要再喝。

If tea has lost its flavor, you had better not drink it.

三、茶的冲泡和品饮 Brewing and drinking tea

（一）茶的冲泡 Tea-brewing

1. 在数千年的饮茶历史中，茶已经成为人们日常生活的一部分。

Through thousands of years of tea-drinking history, tea has become an important part of Chinese people's daily life.

2. 对于中国茶人而言，泡茶也是一门艺术。

For Chinese tea-drinkers, brewing tea is a form of art.

3. 在影响冲泡的诸多因素中，茶叶、水和器具是三个最为重要的因素。

Among many things that may affect the tea-brewing process, tea leaves, water and tea wares are the three most important elements.

4. 中国人在泡茶时非常重视水。"水为茶之母"，好的冲泡用水必须纯净、清爽、洁净。

The Chinese attach great importance to the water used when brewing tea. "Water is mother of tea", good brewing water must be pure, fresh and clean.

5. 古时人们常用泉水、雨水和雪水来泡茶。

In ancient times, people often used spring water, rainwater, and melted snow to make tea.

6. "器为茶之父"，中国人认为茶具对于冲泡也非常重要。

"Tea ware is the father of the tea". Chinese people believe that tea wares are also of great importance for brewing tea.

7. 茶具包括茶壶、茶碗、茶碟、茶托和茶罐等。

They include tea pots, tea bowls, tea saucers, tea trays, tea containers and so on.

8. 不同的茶叶要选用不同材质和样式的茶具。

Different teas need to be brewed using tea ware of different texture and design.

9. 茶具按材质通常可分为陶瓷茶具、玻璃茶具、金属茶具、竹木茶具等。

Generally tea ware can be divided into ceramic tea ware, glass tea ware, metal tea ware, as well as bamboo and wood tea ware, etc.

10. 比如我们用透明玻璃茶具冲泡细嫩的绿茶时，可以欣赏茶叶在杯中上下沉浮，是为"茶舞"。

For example, one may appreciate bobbing of leaves in water as a "tea dance" when delicate green tea leaves are brewed using transparent glass tea ware.

11. 此外，冲泡技艺也是影响茶汤滋味的一个要素。

In addition, Skillful brewing also play an important role in creating palatable tea.

12. 不同的茶所需要的茶叶量和水温是不同的。

Different tea needs specific requirements for the amount of tea leaves and water that goes into brewing them.

13. 例如细嫩的绿茶要用80摄氏度左右的水冲泡，以保持茶叶的营养和清香；而红茶、乌龙茶和黑茶通常需要100摄氏度的沸水冲泡。

For example, tender green tea leaves should be brewed with boiled water at around 80 degrees Celsius to maintain the nutrients and fresh taste, while black tea, Oolong tea and dark tea are usually brewed with boiling water at 100 degrees.

（二）茶的品饮 Drinking tea

1. 中国人喝茶，喝的是茶的原味，不添加牛奶或糖。

Most Chinese people enjoy drinking tea in its purest form, without milk or sugar.

2. 品茶时切忌一口干完，应该遵循"一看、二闻、三品"的原则，品的时候要小口啜饮。

Tea should never be downed in one gulp. One should first appreciate its appearance, then smell it and taste it. One should drink tea slowly, in small sips.

3. 品饮环境也很重要。古时人们认为，饮茶应与周围的环境相得益彰，有清风、明月、茂林、修竹相伴，在这样的环境中，品茗聊天无疑是人生一大乐事。

The environment in which tea is served is another important aspect.

Ancient people believed that fair weather should be suit for drinking tea, with a cool breeze and a bright moon overhead, and lush trees and bamboo growing nearby. Holding a conversation over a cup of tea in such an environment was sure to have been one of the joys of life.

4. 所有这些都显示了中国文化的最高境界：人与自然的和谐相处。

All of this is a representation of the ultimate goal of Chinese culture, humanity and nature may coexist in harmony.

四、茶保健 Tea and health

1. 我们的祖先最早发现茶及茶的药用、保健功能。

The ancestors of Chinese people were the first to discover tea, as well as its health benefits and medicinal properties.

2. 世界卫生组织推荐了六种最健康的饮料，其中茶叶排名第一。许多人认为茶可以益智、增寿。

Tea ranks first among the six healthiest beverages recommended by the WHO. Many people also link tea to enhancement of intelligence and longevity.

3. 研究表明，茶营养物质含量高且具备药用价值。它不仅可以解渴、克服疲劳，还可以帮助消化及消火，并可以兴奋神经，有助身心解乏。

Research indicates that tea is very nutritious and has medicinal value. Not only can it quench thirst and overcome fatigue, it can also help with digestion and relieve one's "internal heat". It works as a nerve stimulant, refreshing the mind and body.

4. 茶叶含有多种化学物质，如茶多酚、单宁酸、咖啡因、抗氧化剂。此外，茶叶还含有其他一些营养素，如芳香物质和各种对人体非常有益的维生素。

Tea leaves contain a number of chemicals such as tea polyphenols, tannic acid, caffeine and antioxidants. It also contains nutrients such as aromatic compounds and various vitamins which are beneficial to the human body.

5. 喝茶有助于降低心脏病发作和中风的风险，降低血压，防止蛀牙和增强免疫系统。

Drinking tea helps to reduce risk of heart attacks and strokes, while it also helps lower blood pressure, reduce tooth decay and bolsters one's immune system.

6. 饮茶可以预防和减轻一些疾病，但我们不能夸大其功效，茶不能完全替代药物作用。

Drinking tea can help prevent and alleviate some diseases, but we cannot exaggerate its effects. That is to say, tea can never be a substitute for medicine.

7. 不同的人群可以选择不同的茶,如年轻人可以多喝绿茶,女性可以选择花茶,肥胖者比较适合喝黑茶。

Different people can choose different tea. For example, young people can drink more green tea; women tend to enjoy drinking scented tea and overweight people are more suited to drinking dark tea.

8. 茶在减肥人群中非常受欢迎,因为它的芳香物质可以帮助溶解脂肪,促进消化和增进新陈代谢。

Drinking tea is very popular among people who want to lose weight because its aromatics can help dissolve fat, promote digestion and increase one's metabolism.

9. 我们在不同的季节可以选择喝不同的茶,如春秋两季可多喝花茶、乌龙茶;夏季宜饮绿茶和白茶;冬季比较适合喝红茶或黑茶。

People drink different teas in different seasons. For example, we often drink scented tea and Oolong tea in spring and autumn, green tea and white tea in summer, black tea or dark tea in winter.

10. 喝茶有四个禁忌:不宜空腹喝茶,不宜喝太浓的茶,睡前不喝茶,不喝隔夜茶。

There are four "don'ts" in drinking tea. Don't drink tea on an empty stomach. Don't drink too much strong tea. Don't drink tea before going to bed. Don't drink tea which has been brewed for too long.

11. 空腹喝茶太多,容易出现"茶醉"现象,其症状表现与晕车比较相似。

If one consumes too much tea on an empty stomach, he or she will enter a state called "tea drunkenness", whose symptoms are similar to those of car sickness.

12. 不要用保温杯泡茶。因保温杯具保温效果,茶汤温度一直很高,会破坏茶叶中的多种维生素和芳香物质,且高温会使茶多酚和单宁浸出过多,茶汤色浓味苦。

Thermoses are not suitable for brewing tea. Due to its insulation effect, the temperature of the tea will remain high for a long time, destroying the vitamins and aromatic compounds in the tea. Besides, tea polyphenols and tannin will be leached excessively, resulting in a dark color and bitter taste.

13. 饭后一小时之内最好不要饮茶,饭后立刻饮茶对肠胃不利,也影响身体对铁的吸收。

Do not drink tea till an hour after the meal. Drinking tea immediately after the meal is harmful for the stomach and also interferes with the absorption of iron.

14. 儿童可以饮茶,但不要喝太浓的茶。

Children can also drink tea, but strong tea is not recommended.

15. 茶之所以受到越来越多人的喜爱,与茶的保健作用是分不开的。

The increasing popularity of tea among more and more people has a lot to do with the health benefits it possesses.

五、茶馆服务 Tea house Service

1. 欢迎光临湖心亭茶楼!

Welcome to Mid-Lake Pavilion Tea house!

2. 您可以坐在靠窗的这一桌,这里风景别致,是我们茶楼最受欢迎的位置。

You may have this table by the window. It has the best view, and is the most popular among our customers.

3. 这是茶单,您看需要点些什么?

This is the tea menu. What would you like to have?

4. 我们茶楼茶品丰富,您可以选择您喜欢的茶品。我也可以为您推荐我们的特色茶品。

Our tea house offers a wide variety of tea. You may order whatever you like or I can make some recommendations for you.

5. 我们茶馆的特色是普洱茶,您可以试试。

You can try Pu'er tea, which is the house specialty.

6. 一些老茶客会根据不同的季节和一天当中不同的时间段,选择不同的茶品。

Some experienced guests may choose different kinds of tea according to different seasons and different periods of the day.

7. 这一款茶点是我们茶楼特制的,搭配普洱最好不过了。

This snack is a specialty of our tea house and it goes well with Pu'er tea.

8. 您现在喝的这款普洱茶可以冲泡十次以上,每一泡的滋味都会有些许变化。我们日常所喝的袋泡茶只能冲泡一两次。

The Pu'er tea you are drinking now can be brewed for more than ten times, and the taste will change slightly each time. In contrast, tea bags we often use can only be brewed once or twice.

9. 虽说泡茶就是把水倒进茶壶,但是要冲泡好一壶茶也不容易,需要冲泡者具备专业知识和冲泡经验。

Though brewing tea is in essence pouring water into the teapot, it takes a lot of professional knowledge and experience to do it well.

10. 您是要自己冲泡还是我们工作人员协助冲泡? 我们有专业的茶艺师,可以表演茶艺。

Would you like to brew the tea yourself or do you prefer the assistance of our staff ? Our tea house provides a performance of the tea-brewing ceremony by professional staff.

11. 如果您想自己尝试冲泡,请您告诉我,我可以讲解并演示。

If you want to have a try at brewing, please let me know. I will explain the procedures and demonstrate for you.

12. 您是喜欢淡茶还是浓茶?

How do you like your tea, weak or strong?

13. 茶已沏好,如果您觉着茶太浓,可以加点水。

The tea has been poured. If it is too strong for you, you can add some water.

14. 请先闻茶香,再观察茶汤的颜色。

You may first smell the fragrance and then observe the color of the tea.

15. 品茶时不要急于咽下,可以慢慢感受茶汤在口腔中的滋味。

While drinking the tea, remember to savor it slowly, and not swallow it in one go.

16. 这是我们茶楼的纪念品,希望您喜欢。

This is a souvenir of our tea house, hope you will like it.

（撰稿者: 朱宁）

参考文献

［1］夏涛主编.制茶学,第三版.北京:中国农业出版社,2016.

［2］陈宗懋,杨亚军主编.中国茶经,2011年修订版.上海:上海文化出版社,
2011.

［3］湖南农学院主编.茶叶审评与检验.北京:农业出版社,1979.

［4］中国茶叶博物馆编.中国名茶图典.杭州:浙江摄影出版社,2014.

［5］王泽农.茶叶生化原理.北京:农业出版社,1981.

［6］陈宗懋主编.中国茶叶大辞典.北京:轻工业出版社,2000.

［7］郝连奇:茶叶密码.武汉:华中科技大学出版社,2018.

［8］池宗宪.武夷茶.合肥:黄山书社,2009.

［9］唐锁海.碧螺春.北京:中国轻工业出版社,2005.

［10］王家斌.北纬30°"黄金线"附近的浙江绿茶及其他:长兴,浙江湖州(长兴)首届陆羽茶文化节论文集,2008.

［11］程启坤,姚国坤.绿茶金三角及其优势.绍兴,中国浙江绿茶大会论文集,
2009.

［12］宋志敏编著.茗饮物事——茶文化小百科.合肥:安徽科学技术出版社,
2019.04.

后 记

　　2019年年初，上海市闵行区茶叶学会接到闵行区科委、闵行区科协编号为19-C-19的科普项目计划任务书，在年内完成茶科学的普及图书《海上茗谭》的编写、出版、发行工作。任务书对本书的内容、形式、进度要求、考核指标等提出了明确要求，相当部分的图书将发送到闵行区内的街镇、社区、学校、企事业单位及政府机关，为普及茶科技提供帮助。本项目也同时得到了科委、科协的资金支持。

　　接到上述任务，我们既感到十分高兴和激动，作为一个刚成立不久的学术团体能承担如此光荣的任务，这是主管部门对我们的充分信任和关心。同时，我们又感到任务艰巨，诚惶诚恐，因为有关茶科普的图书已出版不少，我们的图书要凸显自己的特色并不容易。好在我们有一支优秀而专业的作者队伍，他们有的是研究茶文化的资深学者，有的对茶艺表演造诣深厚，有的是茶学领域的专家，有的是中医领域的翘楚，也有出版界的行家。果不其然，经过大家的不懈努力，一本内容翔实、行文流畅、形式活泼、语言通俗、图文并茂的图书终于呈现在各位读者的面前，我们为此感到欣慰。

在这里，特别感谢：中国工程院院士、中国茶叶学会名誉理事长陈宗懋研究员，他在百忙中拨冗为本书撰写了序言；上海市闵行区政协原主席、区文联名誉主席、区书法家协会主席吴申耀先生，他用优美的书法为本书题写了书名；华东师范大学英语系同声传译专家杜振东教授对附录"茶用英语"进行了精心审阅，提出了专业的修改意见；上海科学普及出版社社长蒋惠雍和该书责任编辑，他们对本书提出了建设性的修改意见，并协同团队出色完成了本书的全部编辑、出版流程。

由于编写时间仓促，难免存在疏漏。真诚希望读者提出宝贵意见和建议，以便我们修订和改进。

张红燕

（上海市闵行区茶叶学会常务副理事长）

2019年10月

图书在版编目（CIP）数据

海上茗谭 / 上海市闵行区茶叶学会编著. —上海：上海科学普及出版社，2019
ISBN 978-7-5427-7713-3

Ⅰ.①海… Ⅱ.①上… Ⅲ.①茶文化-上海 Ⅳ.①TS971.21

中国版本图书馆CIP数据核字（2019）第262433号

策划统筹　蒋惠雍
责任编辑　俞柳柳
装帧设计　姜　明

海上茗谭

上海市闵行区茶叶学会　编著
上海科学普及出版社出版发行
（上海中山北路832号　邮政编码200070）

http://www.pspsh.com

各地新华书店经销　　苏州市越洋印刷有限公司印刷
开本　710×1000　1/16　印张16.75　字数280 000
2020年1月第1版　　2020年1月第1次印刷

ISBN 978-7-5427-7713-3

定价：68.00元

本书如有缺页、错装或坏损等严重质量问题
请向工厂联系调换

联系电话：0512-68180628